Gaston de Saporta

L'École
transformiste
et ses derniers
travaux

Essai

ISBN : 978-1546499060

10 9 8 7 6 5 4 3 2 1

Gaston de Saporta

L'École transformiste et ses derniers travaux

Essai

Table de Matières

Introduction

Une sorte de loi fatale condamne la plupart des idées nouvelles, même les plus vraies et les plus fécondes, à subir au début le choc de la contradiction. Elles puisent dans la lutte même la force qui parait d'abord leur manquer, prennent corps et parviennent enfin à conquérir une place définitive. La doctrine de l'évolution ou du transformisme traverse en ce moment une période de ce genre ; les combats qu'on lui livre, loin de l'affaiblir, lui ont fourni l'occasion d'exposer au grand jour les principes qui la dirigent ; un penseur énergique, habile et profond a su condenser dans un livre devenu célèbre des aspirations jusque-là flottantes et arrêter les linéaments d'un puissant travail de synthèse. L'école dont il a été l'organe le plus retentissant a para même se personnifier en lui, comme l'indique le terme de *darwinisme*, appliqué souvent à l'ensemble des idées transformistes, mais qu'il est plus juste de restreindre à la série d'hypothèses à la fois hardies et ingénieuses dont le naturaliste anglais a été si prodigue.

Comprise dans un sens général, la théorie transformiste est loin de dater de nos jours ; une plume autorisée a tracé ici même[1] avec talent l'histoire de ses origines et critiqué, non sans raison, quelques-unes de ses tendances extrêmes ; mais quelle est celle de nos théories scientifiques que l'on n'ébranlerait pas en la poussant ainsi à ses dernières conséquences ? Quand on a affaire à une doctrine encore en voie de développement, au lieu de rechercher les déviations et les obscurités inévitables, ne vaut-il pas mieux s'attacher à saisir plutôt les côtés vrais et solides ? A ce point de vue, la paléontologie offre un secours précieux. En réalité, c'est dans la paléontologie surtout que la croyance à l'évolution a sa raison d'être. Sans la certitude que nous avons de l'antiquité de la vie organique sur le globe, cette croyance ne serait qu'un jeu d'esprit ; avec cette assurance, elle devient une hypothèse qui s'adapte mieux que toute autre aux faits observés. En dehors de l'évolution, les phénomènes anciens ne constituent qu'une énigme indéchiffrable. Si les espèces ne sont pas sorties les unes des autres par voie de filiation, elles ont dû se montrer subitement par l'effet d'une série d'opérations

---

1 Voyez, dans la *Revue* des 15 décembre 1868, 1er janvier, 1er mars, 15 mai et 1er avril 1869, les études de M. de Quatrefages sur *les Origines des espèces animales et végétales.*

mystérieuses dont il est impossible de fournir les preuves. Faire intervenir l'action directe d'une volonté supérieure, c'est introduire gratuitement l'inconnu dans le domaine de la science. Sans doute, pour défendre l'autre solution, on est aussi obligé de faire appel à l'inconnu ; on a du moins une base solide, l'exemple des métamorphoses qui sous nos yeux transforment les individus et quelquefois influent sur plusieurs générations. L'évolution est un phénomène du même ordre ; seulement elle a eu une période de temps presque indéfinie pour se dérouler. Inconnu pour inconnu, celui qu'entraîne l'idée de l'évolution paraît plus vraisemblable que l'autre, si toutefois l'on consent à se dépouiller de tout parti-pris en faveur de l'ancien système, pour qui une longue possession semble un excellent titre. C'est dans cet esprit que nous aborderons l'étude des principales questions que l'école transformiste a tenté dernièrement de résoudre.

Section I

La croyance à l'évolution est loin d'impliquer, comme on affecte souvent de le dire, l'existence d'une variabilité incessante et universelle chez les êtres organisés. A qui voudrait voir partout l'instabilité, il serait facile d'opposer l'ordre régulier et l'apparente fixité de la nature actuelle. Heureusement il n'est pas nécessaire de recourir à des changements perpétuels, il suffit d'admettre que les êtres organisés aient changé quelquefois, sous l'empire de causes déterminées, pour expliquer l'origine des principales diversités qui nous frappent en eux. On a, il est vrai, des exemples d'espèces demeurées à peu près invariables depuis un âge très reculé ; mais d'autres espèces, par suite de quelque circonstance favorable, ont pu éprouver au contraire des changements et donner lieu à de nombreuses variétés. Il n'y a rien non plus d'impossible à admettre que quelques-unes de ces dernières, s'accentuant plus que les autres, aient dominé enfin par l'exclusion graduelle des nuances intermédiaires. On conçoit tous les passages qui de la simple diversité individuelle conduisent ainsi aux divergences les plus marquées ; on conçoit aussi l'influence du temps et celle des agents extérieurs ou milieux. Ces vicissitudes composent l'histoire même de la vie ; bien que semée de lacunes et entachée d'obscurité, elle témoigne pourtant d'une façon très nette qu'il s'est écoulé un temps extrêmement long depuis que le globe est habité, et montre l'ordre dans lequel les êtres vivants se sont succédé à la surface de la terre. L'homme est parvenu à saisir les faits géologiques par l'étude des couches accumulées au fond des eaux de chaque époque. C'est en examinant ces couches, en les numérotant une à une, comme les feuillets d'un livre, que les savants ont pu diviser le passé de notre planète en un certain nombre de périodes dont l'ensemble entraîne l'idée d'une durée à peu près incalculable. Pour en être persuadé, il suffit de songer à l'épaisseur énorme de certains étages dont la formation a dû pourtant s'opérer avec beaucoup de lenteur ; il suffit encore de constater que, d'une couche à la suivante, on voit les êtres dont les vestiges caractérisent chacune d'elles être d'abord éliminés partiellement, puis entièrement renouvelés.

Lorsqu'on tient compte du très grand nombre de ces renouvellements successifs et du temps qu'ils ont sans doute exigé, on demeure comme accablé du poids de tant de durée. Rien ne change en effet autour de nous, ou du moins le changement s'il existe, est si insensible que l'homme ne saurait s'en apercevoir. Les insectes du fleuve Hypanis, vivant un jour entier, pouvaient, en avançant en âge, remarquer le déclin de la lumière ; mais s'il existait des êtres dont la vie fût d'une seule seconde, combien faudrait-il de générations pour qu'à la fin une d'elles entrevît le mouvement apparent du soleil ? Il en est ainsi de l'homme par rapport aux êtres qui l'entourent ; il lui paraît que rien ne change ; il s'appuie avec orgueil pour le soutenir sur des observations qui remontent à quelques milliers d'années, et certes rien ne serait venu le contredire, si lui-même ne s'était avisé récemment de pénétrer dans le passé du globe et d'en dépouiller les archives. Alors, tout un monde nouveau lui est apparu.

M. Agassiz, dans son livre sur l'espèce, dit que M. Élie de Beaumont, cherchant à classer les changements survenus dans les chaînes de montagnes, en a constaté au moins soixante ou même cent, correspondant à autant de révolutions plus ou moins générales. La paléontologie n'établit pas moins de renouvellements dans la faune et la flore terrestres ; c'est en combinant ces deux genres de faits que l'on est parvenu à fixer un nombre déterminé de périodes embrassant à la fois les phénomènes physiques et ceux qui se rapportent aux êtres organisés. L'histoire de la vie se confond ainsi avec celle du globe lui-même, et cependant y a-t-il en réalité entre les modifications de la matière brute et celles des animaux et des plantes une connexion nécessaire ? M. Agassiz, qui voit dans le développement de la vie l'exécution d'un plan libre et intelligent, croit pourtant à une coïncidence probable entre les rénovations organiques et les révolutions physiques. Il admet le « synchronisme et la corrélation » de ces deux ordres de phénomènes ; il reconnaît dans l'un une cause au moins occasionnelle, prévue, à ce qu'il pense, et conforme au plan dont il attribue les détails aussi bien que la pensée à l'auteur suprême de toutes choses.

Malgré cette autorité et celle de plusieurs savants distingués qui pensent de même, il est bien difficile de croire qu'il y ait eu autrefois aucune relation directe de cause à effet entre les changements survenus dans le relief du globe et la transformation des animaux qui le peuplaient. Le nombre de ces prétendues révolutions générales n'a jamais pu être fixé, même approximativement. On admet sans doute en géologie de grandes divisions, et l'on s'accorde à reconnaître l'existence d'*époques* distinctes, de *terrains* successifs ; mais dès qu'il s'agit de déterminer les limites précises de chaque terrain, de s'entendre sur le nombre, la valeur, l'étendue exacte des étages ou subdivisions, les difficultés deviennent inextricables, et finalement entre deux terrains d'abord très distincts vient s'intercaler un terrain mixte qui exclut entre eux toute idée de séparation tranchée. Il semble impossible aujourd'hui d'admettre qu'il y ait jamais eu des perturbations assez intenses et assez générales pour détruire la totalité ni même une notable partie des êtres vivans ; le temps n'est plus où la présence seule des fossiles semblait être le témoignage d'un enfouissement violent. Le plus grand calme a dû au contraire présider à de pareils phénomènes ; l'immense majorité des coquilles marines ont vécu sur place, et l'on peut observer en bien des points les traces successives du sol marin reporté peu à peu à divers niveaux, sans aucun indice de convulsions subites. Du reste il est évident que les modifications ainsi observées, bornées à quelques points restreints des anciennes mers, ne peuvent passer pour l'expression de rénovations biologiques générales et nous en donner la clé. Il y a plus, l'on peut affirmer que les animaux et les plantes terrestres sont loin d'avoir subi les mêmes vicissitudes que les êtres marins. Le dessèchement d'une méditerranée peut amener l'extinction d'une foule d'espèces, tandis que l'air n'est sujet ni à disparaître ni à s'altérer comme l'eau. Enfin il existe entre les plantes et les animaux vivant à la surface du sol une différence radicale. La plupart des animaux sont libres de leurs mouvements, tandis que les plantes sont attachées à la terre et y puisent leur nourriture. Il est impossible aux plantes de fuir le danger, de marcher volontairement dans une direction déterminée, d'opérer des migrations annuelles, ce qui est loisible aux animaux. Cette immobilité des végétaux n'est pas cependant pour eux, comme on pourrait le croire, une cause de destruction facile ni générale. Doués de plus de longévité, susceptibles dans beaucoup de cas de s'établir profondément dans le sol, ils l'envahissent, s'étendent de proche en proche et disséminent partout leurs graines, dont la vitalité est souvent très persistante. A moins d'une submersion totale ou de changements brusques dans le climat, les végétaux résistent comme types, sinon comme individus ; leur agonie peut se prolonger pendant des siècles ; il est donc plus que difficile de croire à la disparition brusque des diverses flores qui se sont succédé autrefois sur la terre. La paléontologie démontre en effet que les modifications subies par la végétation ne sont devenues définitives qu'à la suite d'un temps très long.

Les animaux terrestres, au contraire des plantes, peuvent marcher, fuir, émigrer, ils ne puisent pas leur nourriture dans le sol ; mais à ce point de vue ils dépendent des plantes et des animaux eux-mêmes. Leur dépendance, pour être moins matérielle, n'en est pas moins réelle, et surtout elle varie suivant les groupes zoologiques que l'on considère. Les plus petits et les plus infimes peuvent marcher sans doute, mais pour beaucoup d'entre eux cette marche se réduit à rien. En dehors de certaines catégories, comme les sauterelles, la plupart des insectes, attachés à une classe déterminée de végétaux ou même à une seule plante, vivent et meurent avec elle. Les grands animaux profitent mieux de leur liberté de mouvement ; toutefois justement à cause de leur régime moins borné, de leur taille, de leur facilité de changer de pays et de s'accommoder de plusieurs climats, ils subissent les effets d'une concurrence mutuelle dont le résultat est de les contenir dans des limites proportionnelles qui changent peu, tant que les circonstances elles-mêmes ne Changent pas. Les animaux fouisseurs, rongeurs, ceux qui vivent d'herbage, de racines ou de fruits, se multiplieraient au-delà de toute mesure et jusqu'à l'entier épuisement des substances qu'ils mangent, si les carnassiers n'étaient là pour en diminuer le nombre. C'est donc par suite d'un étroit enchaînement de combinaisons très complexes que l'ensemble organique se fonde et se maintient ; l'équilibre, aisément rompu, se rétablit avec la même facilité. On doit concevoir cependant que plus on remonte la série des êtres pour se rapprocher des animaux supérieurs, plus aussi les réactions réciproques, par conséquent les occasions de variabilité se multiplient. Le végétal inférieur ou cryptogame, très borné dans ses exigences, varie peu et se rencontre presque partout ; le temps comme l'espace apportent chez lui peu de changements. Il n'en est déjà plus ainsi pour les végétaux d'un ordre élevé, chez lesquels la division du travail organique est mieux marquée ; plus délicats, plus sensibles, plus disposés à des adaptations définies, ils doivent tendre à se spécialiser de plus en plus, donner lieu à de nombreuses variations de forme et de détails. C'est en effet ce que l'on remarque lorsqu'on remonte d'étage en étage pour s'attacher à suivre les principaux genres de plantes. Les groupes les plus anciens sont à la fois les plus fixes, les plus tranchés et les moins nombreux. Ceux dont l'origine est plus récente affectent une très grande variété de formes ; mais les traits essentiels de structure sont bien plus monotones : les types ont, à force de dédoublements, perdu en originalité ce qu'ils ont gagné en diversité.

Les animaux inférieurs offrent les mêmes limites de variabilité que les plantes : ceux des eaux, habitant un milieu qui change peu, et les types terrestres, dépendant de conditions très générales, ont toujours eu une longue existence. Les insectes et les mollusques d'eau douce des terrains secondaires diffèrent assez peu des nôtres, et à cet égard la nature a beaucoup moins changé depuis des temps très reculés qu'on ne le croit généralement. Il n'en est plus de même dès que l'on touche aux animaux supérieurs, si compliqués par leur organisation, si libres, si susceptibles de varier leur régime, de réagir contre le climat par la chaleur intense du foyer qu'ils portent en eux. Quelle diversité de mœurs, de tendances et d'allures ! L'intelligence et le choix se mêlent à l'instinct ; l'ours vit tantôt d'œufs, de miel et de fruits, tantôt de proie vivante ; le chat guette ses victimes, le chien chasse librement ; d'autres animaux peuvent découvrir le lichen sous la neige, comme le renne, changer de pays par caprice ou par nécessité. Ne voit-on pas combien ces circonstances et une foule d'autres doivent susciter de variations au sein de l'organisme ? Aussi les animaux se sont-ils modifiés d'autant plus vite, suivant une loi établie par M. Gaudry, que leur structure est plus parfaite et leur rang plus élevé dans chaque série.[1] Cette loi, qu'il est impossible d'infirmer, contredit la pensée de ceux qui rattachent l'origine des êtres à des créations successives, car ces créations auraient dû être motivées par quelque chose, tandis qu'à des termes rapprochés, comme le sont les derniers étages tertiaires, il est impossible de comprendre pourquoi les espèces de tapirs, de mastodontes, de rhinocéros, se seraient remplacées à de si courts intervalles alors que le règne végétal tout entier et l'immense majorité des animaux inférieurs avaient déjà revêtu les traits qui les distinguent encore.

Si les renouvellements biologiques, ainsi que nous venons de le montrer, n'offrent aucun caractère de généralité, si de plus ces changements, considérés dans les diverses séries d'êtres organisés, n'ont rien qui doive les faire coïncider entre eux et ne se rattachent par aucun lien direct aux perturbations physiques qui ont modifié le relief de la surface terrestre, il est évident que le seul système susceptible d'être invoqué en dehors de celui de l'évolution consisterait dans l'introduction successive de nouvelles espèces, créées une à une, à des moments irréguliers et par intermittences. Séduisante par sa simplicité, cette idée a été adoptée par beaucoup d'esprits, aux yeux desquels elle paraît traduire les faits dans l'ordre même où le géologue les observe. En effet, lorsque celui-ci explore

---

1 La loi ainsi formulée est applicable à l'homme lui-même, puisque ses premiers vestiges ne remontent pas au-delà du tertiaire supérieur, au moins dans l'état présent des connaissances, et sont encore très rares jusque vers le milieu du quaternaire ; il a pris depuis cette époque, relativement peu ancienne, une extension rapide, et a multiplié, dans une mesure qui dépasse tout ce qui s'était encore vu, les divergences physiques, intellectuelles et morales qui constituent les races de son espèce, demeurées pourtant fécondes entre elles. On voit que la tendance des idées d'évolution serait plutôt favorable à la monogénie ; mais, les recherches d'origine devant s'appuyer au moins sur des indices ou présomptions paléontologiques qui jusqu'ici font absolument défaut, cette question, malgré les insinuations malveillantes auxquelles le nom de M. Darwin a été souvent mêlé sans motifs, paraît devoir rester en dehors de celles que la doctrine de l'évolution peut être tentée de résoudre.

Gaston de Saporta

les diverses parties d'un terrain et que son attention s'arrête sur une espèce qu'il rencontre pour la première fois, il se dit instinctivement que cette espèce a dû autrefois apparaître au sein des eaux de la même façon qu'elle se montre à lui, c'est-à-dire sans antécédent visible. Cette manière de raisonner n'est rigoureuse qu'en apparence, en réalité elle transforme en solution le phénomène lui-même dont il s'agit de pénétrer l'origine. La présence à l'état fossile de coquilles plus ou moins distinctes de celles qui s'étaient montrées auparavant n'implique pas nécessairement l'idée que ces espèces venaient d'être créées au moment où l'on commence à les observer ; tout au plus peut-on conclure qu'elles étaient jusqu'alors trop rares, ou situées trop à l'écart du point où on les rencontre, pour avoir eu l'occasion d'y laisser des traces. Or, entre la première de ces deux manières de juger et la seconde, il existe un abîme ; en voici la preuve. Si au lieu d'un mollusque marin ou d'un rayonné il s'agissait d'un animal supérieur ou d'une plante terrestre dont le hasard seul peut entraîner la dépouille au fond des eaux, on se garderait bien de considérer comme nouvellement créée l'espèce inconnue dont on trouverait l'empreinte ; pourtant le phénomène est identique des deux côtés, puisque les couches marines, même les plus riches en fossiles, ne nous font jamais connaître qu'une faible partie des régions sous-marines de chaque période. Combien de lits et d'étages dont les fossiles sont absents ou réduits à l'état de débris informes ! Les ceintures littorales, les fonds sableux ou rocailleux, n'ont-ils pas disparu généralement sans laisser de vestiges ? Et combien de terrains recouverts sur une grande étendue par des formations plus récentes et soustraits à nos recherches ! Évidemment ce n'est pas une série de faits de cette nature qu'on devra invoquer à l'appui de la théorie qui veut que chaque forme spécifique ait apparu subitement.

Les traces de filiation, les liens tantôt directs, tantôt éloignés entre les diverses parties du monde organique, existent, de l'aveu de tous les naturalistes. M. F.-J. Pictet, opposé pourtant aux idées de transformation, avoue que, si l'on compare entre elles les faunes de chaque étage à celles de l'étage immédiatement postérieur, on reste frappé des liaisons intimes qui se manifestent, la plupart des genres étant les mêmes et un grand nombre d'espèces se trouvant tellement voisines qu'il serait aisé de les confondre.[1] Tous les auteurs, à partir de Cuvier et ensuite de Flourens, admettent que la manière dont les êtres se sont succédé et les rapports qu'ils présentent entre eux, lorsque l'on en compare la structure intime, indiquent l'existence d'un plan dont les déviations les plus profondes en apparence n'altèrent cependant jamais les traits essentiels. Ainsi les lacunes, les anomalies, les transformations apparentes, les appropriations les mieux définies, comme celle des mammifères cétacés à l'habitat marin, s'opèrent au moyen du raccourcissement ou de l'allongement, de la disparition ou de la multiplication de certaines parties, sans que ces modifications entraînent jamais le déplacement relatif des organes eux-mêmes. Les parties constitutives du squelette des mammifères et par suite des vertébrés en général se retrouvent dans la charpente osseuse de la baleine ; si on compare celle-ci à celle d'un oiseau ou d'un reptile, la conformité du plan frappera l'observateur attentif ; cette conformité sera encore visible, quoique déjà plus éloignée, en parcourant la série des poissons. Si des vertébrés on passe aux mollusques et aux insectes, ce ne sera plus dans la structure que résidera l'analogie, ce sera dans l'existence des mêmes organes essentiels, quoique différemment disposés, jusqu'à ce qu'enfin, descendant aux êtres les plus inférieurs, on ne trouve plus comme lien entre eux et les précédents que la cellule, véritable unité vivante dont ils sont tous également composés.

Ainsi l'unité de plan embrasse tous les animaux et même toutes les plantes, quoiqu'à des degrés très différents ; mais si, au lieu de l'universalité des êtres, on observe les divisions les plus générales, les embranchements, les classes et les ordres, on reconnaît non-seulement qu'ils ont une tendance à se rapprocher par leurs séries extrêmes, mais qu'aussi ces séries sont justement celles qui se montrent les premières dans le temps. Ainsi les poissons cartilagineux et cuirassés sont les moins vertébrés parmi les vertébrés, et ce sont précisément les plus anciens de tous. Les marsupiaux sont les plus imparfaits des mammifères, et les premiers mammifères ont avec cette classe des affinités non douteuses. L'unité de plan se manifeste encore par les phases de la vie

---

1 *Traité de Paléontologie ou Histoire naturelle des animaux fossiles considérés dans leurs rapports zoologiques et géologiques*, par M. F. J. Pictet, t. Ier, p. 88.

embryonnaire et les métamorphoses qui reproduisent d'une façon passagère dans les séries supérieures certains caractères définitifs des séries moins élevées. Elle se révèle aussi par les adaptations multiples qui modifient les organes des différents êtres de chaque série pour les rendre propres à remplir certaines fonctions, ou les atrophient sans les détruire complètement lorsqu'ils deviennent inutiles. De cette façon, le vestige même d'un organe sans emploi atteste la liaison intime des animaux qui le présentent avec ceux chez lesquels il reste développé. Chacun sait que les os de la queue existent, à l'état rudimentaire, chez l'homme après avoir subi un arrêt de développement dans le fœtus ; le cheval présente encore des vestiges de doigts latéraux, et le protée aveugle des cavernes de Carinthie conserve des traces du nerf optique. Les mêmes os disposés dans le même ordre, mais allongés ou raccourcis, forment la main chez l'homme et constituent la patte des animaux, la nageoire des cétacés, le pied à sabot des ruminants, l'aile de l'oiseau et de la chauve-souris. Bien plus, la paléontologie montre que ces adaptations si diverses ont été l'objet d'une sorte d'élaboration graduée dont les termes n'ont pas tous disparu de la nature vivante.

Malgré tant d'indices révélateurs, l'unité de plan, dans la pensée de ceux qui en proclament l'existence avec le plus de conviction, n'est cependant qu'une formule abstraite ; ils n'y voient qu'une confirmation du dessein qu'aurait eu l'intelligence créatrice, tout en produisant les êtres isolément et à plusieurs reprises, de les réunir pourtant par les traits généraux et les détails mêmes de leur organisation. Toutes ces similitudes, toutes ces liaisons, seraient trompeuses, puisque ces êtres, si analogues en apparence, n'auraient par le fait rien de commun ; il n'y aurait entre eux aucun lien de filiation, sauf cependant pour les variétés et les races. Soit ; mais pourquoi admettre alors une semblable exception en faisant appel aux effets d'une variabilité arbitrairement limitée ? Pourquoi l'espèce, si difficile à distinguer de la race, est-elle choisie de préférence au genre ou à l'ordre pour représenter une entité réelle et objective, et quelle preuve apporter de la légitimité de ce choix ? Serait-ce la prétendue fixité de l'espèce ? Cette fixité est justement ce qu'il faudrait prouver non-seulement en ce qui touche l'heure présente, mais pour toute la durée des périodes antérieures. Dès lors l'unité de plan, conçue en dehors de toute base réelle, n'est plus qu'une simple idéalisation, une sorte d'esthétique, résumé abstrait des faits relégué au-delà des faits eux-mêmes. Prise au contraire pour l'expression fidèle des titres de filiation des êtres organisés, l'unité de plan fournit un moyen sûr d'apprécier les liens de parenté qui les rattachent les uns aux autres ; on voit ces liens s'affaiblir graduellement lorsque, s'élevant au-dessus des genres, on remonte de groupe en groupe jusqu'au-delà des embranchements. La trace de l'évolution est d'autant plus obscure que son point de départ est plus éloigné, elle disparaît enfin ; mais là où le fil conducteur s'arrête, le savant doit aussi s'arrêter et avouer franchement son ignorance. D'ailleurs la doctrine transformiste est loin de proclamer la puissance absolue des agents physiques. La force et la matière réunies n'expliquent pas à elles seules la raison d'être de l'organisation et le développement progressif du moi réflexe et de l'intelligence ; l'énigme reste la même, quoique les termes en soient posés un peu différemment. L'idée de causalité ne sort pas du monde, elle y est seulement introduite par une autre voie et conçue autrement que jadis. Le savant préfère une hypothèse qui s'adapte mieux que l'ancienne aux faits paléontologiques et semble confirmée par une foule d'indices ; il se garde bien de vouloir tout expliquer, ni de croire que le passé de notre planète se laisse dépouiller en un jour des voiles qui le couvrent, et dont l'obscurité se trouve seulement un peu diminuée.

Ainsi pour nous l'unité de plan n'est que la mesure des liens qui réunissent tous les êtres. Évidents chez quelques-uns, visibles, mais déjà voilés chez d'autres, ils s'effacent ou se réduisent dans un grand nombre à des indices à peine saisissables ; mais cette gradation n'a rien qui doive surprendre. Les espèces ont divergé de plus en plus en s'éloignant du rameau commun où se rattache leur origine. Chacun de ces rameaux est sorti d'une branche issue elle-même d'une souche plus ancienne. L'ensemble de ces ramifications compose un arbre généalogique immense dont on ne retrouve plus maintenant que des fragments épars. Les branches-mères qui correspondent aux embranchements et aux règnes échappent à nos investigations. Rien n'autorise donc, en dehors d'indices paléontologiques suffisants, la croyance à un prototype unique ou multiple d'où seraient sortis tous les êtres, sinon à titre de pure hypothèse. L'école transformiste n'a pas plus à se préoccuper de cette question que les partisans des créations successives n'ont eu à rechercher les circonstances, assurément très singulières, qui auraient été le corollaire obligé de l'apparition instantanée des espèces. Tout ce que la science peut faire, c'est de remonter jusqu'à la plus vieille période biologique. Au-delà, l'esprit trouve une barrière encore fermée, qu'il conserve pourtant l'espoir de franchir quelque jour.

La recherche des liaisons et des passages devait être la principale préoccupation de l'école transformiste ; c'est aussi la pensée qui domine dans le cours professé par M. Gaudry à la Sorbonne. Tracée par lui, l'histoire de la vie se déroule par lambeaux, elle se déchiffre d'après des hiéroglyphes informes ; mais elle est pleine de mouvement et de vues fécondes. Il s'agit surtout de vaincre la difficulté croissante que l'on éprouve d'observer des passages dès que l'on quitte les espèces pour aborder les groupes les plus élevés. Les liens de parenté, graduellement amincis, devenus enfin pareils à des fils imperceptibles, se sont rompus dans la plupart des cas ; il faut s'attacher aux moindres indices. La nature actuelle, moins riche en traits originaux que celle des anciennes périodes, mais plus accessible et mieux explorée, fournit elle-même des exemples de transition ménagée entre les embranchements et les classes. Les batraciens ne forment-ils pas un trait d'union entre les reptiles, avec qui on les a longtemps confondus, et les poissons, qu'ils confinent par l'axolotl et le lépidosiren ? Chez les poissons eux-mêmes, le caractère de vertébré tend à s'effacer dans les cartilagineux ; les derniers de l'échelle tendent à se confondre avec les mollusques, et les naturalistes, selon le témoignage de M. Agassiz, ne s'accordent pas davantage sur les limites de l'embranchement des articulés par rapport à celui des vers et même des infusoires.

A cet égard cependant, les enseignements de la paléontologie font entrer dans le vif de la question en montrant comment les êtres se sont graduellement transformés. Les premiers ensembles d'animaux sont marins, car toute vie a dû prendre naissance an sein des eaux,[1] et les êtres animés, plongés d'abord dans un

1 Les eaux douces n'ont joué d'abord qu'un très faible rôle à cause du peu d'étendue des continents ; elles étaient d'ailleurs moins distinctes qu'aujourd'hui de celles de la mer, dont la salure n'était pas aussi prononcée, ou se trouvait constituée à l'aide de substances différentes. Beaucoup de terrains de ces premiers âges présentent des traits ambigus qui empêchent d'en saisir le vrai caractère. Les bassins houillers ont

milieu liquide, n'ont acquis que plus tard et par un progrès lent les organes qui leur ont permis de respirer l'atmosphère et de se mouvoir librement sur le sol. Quoique tous les embranchements soient dès lors représentés, il est facile de reconnaître dans les groupes de ces âges anciens les caractères d'une évolution en voie d'accomplissement. La tribu des crustacés trilobites donnait lieu à un type entièrement spécial. Leurs pattes molles, chargées de branchies, servaient à la fois à la natation et à la respiration. Les plus anciens n'ont pas d'yeux, d'autres n'en avaient que de rudimentaires ou seulement dans le jeune âge ; leurs métamorphoses étaient lentes, nombreuses, ils ne traversaient pas moins de vingt états avant de devenir adultes. M. Barrande, dont les études sur les trilobites des terrains de Bohême sont justement célèbres, a observé le retour de certaines formes ramenées sur les mêmes points après les avoir quittés, et reparaissant chaque fois légèrement différentes de ce qu'elles étaient auparavant. Nous touchons ainsi du doigt le phénomène de l'évolution, puisque la même espèce qui avait péri en Bohême, mais qui s'était conservée ailleurs, est retournée aux lieux qu'elle avait cessé de fréquenter après un temps suffisant pour la modifier, pas assez long pour la changer tout à fait.

Au-dessus des crustacés régnaient à cette époque les poissons, seuls vertébrés. Chez eux, au squelette interne, souvent mou ou peu résistant, correspondait un exosquelette ou cuirasse enveloppante formée de pièces juxtaposées, qui semble, selon la judicieuse remarque de M. Gaudry, s'amoindrir à mesure que le squelette interne constitue en s'ossifiant une charpente solide. Les plus curieux, connus sous le nom de *placo-ganoïdes*, plastronnes à la partie antérieure du corps et présentant par là une singulière analogie avec les crustacés, semblent effectivement s'en rapprocher assez pour diminuer un peu l'intervalle énorme qui sépare les deux embranchements. En considérant les caractères de ces poissons primitifs, qui continuent à dominer jusque dans les temps secondaires, pour devenir ensuite de plus en plus rares et faire place aux poissons actuels, on voit que leurs vertèbres molles ou incomplètement ossifiées et le prolongement de leur <u>queue constituent un type embryonnaire de vertébrés et un degré</u>

dû se former dans l'eau douce, mais à proximité des mers, qui opéraient de fréquents retours ; de là les alternatives bien connues entre les lits de houille et les lits de carbonifère marin.

Gaston de Saporta

inférieur de la classe des poissons. Les poissons d'aujourd'hui, couverts d'écailles mobiles, plus libres dans leurs mouvements et en tout plus parfaits, seraient le terme supérieur de l'évolution des précédents. La même tendance se manifeste chez les plus anciens reptiles, qui présentent avec les poissons eux-mêmes plus d'un rapprochement. L'ordre des labyrinthodontes, dont ces reptiles font partie, offre des caractères ambigus qui le placent, dans l'opinion de M. Pictet, entre les batraciens d'une part et les sauriens de l'autre. Enfin c'est encore un type embryonnaire que l'oiseau célèbre de Solenhofen ou *archœopieryx*, dont les vertèbres caudales, prolongées en queue véritable au lieu d'être soudées en croupion, fournissent un exemple d'organisation analogue aux précédents. Les mammifères de l'époque secondaire, plus nombreux et mieux connus que les oiseaux, sont propres à confirmer dans les mêmes idées. Rares et chétifs en Amérique comme en Europe, ils se rattachent aux marsupiaux, c'est-à-dire aux mammifères les plus imparfaits, à ceux qui rappellent le plus les ovipares.

Ainsi, malgré d'énormes lacunes, ce que nous savons du début de chaque classe nous montre toujours des combinaisons inachevées servant de transition vers une structure plus avancée. Chaque groupe, à mesure qu'il grandit en importance, revêt successivement des caractères plus distinctifs et plus compliqués. Les dégénérescences elles-mêmes sont l'effet naturel de certaines complications. Parmi nos poissons modernes, il en est certainement d'inférieurs aux poissons cartilagineux des premiers âges, et chez les reptiles les serpents dépourvus de membres, de même que les édentés chez les mammifères, n'ont rien de vraiment supérieur aux types qui se montrent à l'origine de chacune de ces classes. Ils sont cependant le produit d'une série d'élaborations et d'adaptations de plus en plus complexes.

Si les embranchements et les classes convergent au début, les ordres et les genres doivent manifester les mêmes tendances : en effet, la même ambiguïté de caractères se remarque à l'origine de toutes les séries, surtout dès qu'elles sont bien connues. Les premiers carnassiers ont une infériorité relative. Les types intermédiaires entre les tribus les plus distinctes de l'ordre actuel se multiplient à mesure que l'on redescend la série des étages et jusqu'au moment où les derniers types se dégagent et se fixent.

L'*amphicyon*, remarque M. Gaudry, était moitié chien, moitié ours ; l'*hyœnarctos*, plus rapproché des temps quaternaires, était ours aux trois quarts, mais retenait encore un peu du chien, tandis que le *pseudocyon* était au contraire très près du chien et un peu ours ; d'autres se placent entre les civettes et les chiens, entre les civettes et les hyènes. Le singe de Pikermi confine aux semnopithèques par le crâne et aux macaques par les membres ; plutôt marcheur que grimpeur comme les macaques, vivant de rameaux autant que de fruits, se réunissant en petites troupes intolérantes pour toute autre espèce que la sienne, tel a dû être ce singe, dont M. Gaudry a pu restituer jusqu'à l'instinct par les inductions tirées de toutes les parties conservées de son squelette.

La liaison graduelle des types d'une même série se laisse voir d'une manière remarquable dans la famille des éléphants, autrefois composée de trois genres, dont deux sont entièrement éteints, et le dernier se trouve réduit aux éléphants d'Asie et d'Afrique. Le type du dinothérium, le plus ancien des trois, est aussi celui dont les tendances vers d'autres groupes, entre autres vers celui des morses et des lamantins, s'accusent le mieux, tandis que par sa dentition fixe le dinothérium différait beaucoup des éléphants et même des mastodontes. Il en avait pourtant l'aspect, la masse, la trompe et les défenses, sans doute aussi les instincts et les mœurs. Les mastodontes avoisinent bien plus les vrais éléphants, surtout celui d'Afrique ; les collines de leurs molaires se rapprochent, s'amincissent et se plissent dans certaines espèces de manière à revêtir le caractère distinctif de celles de ce dernier genre ; c'est à travers une longue série de formes intermédiaires que l'on arrive jusqu'à celui-ci. Les mêmes remarques s'appliquent à d'autres groupes, comme les rhinocéros, les tapirs, les chevaux, les cerfs, les bœufs ; il est très difficile de déterminer les limites réciproques des espèces anciennes. A mesure que l'on touche à des temps voisins des nôtres, on voit constamment dans l'un ou l'autre règne chacune de nos espèces vivantes ou récemment éteintes précédée par des espèces fossiles qui n'en diffèrent que par de minimes détails de structure. Dès lors quoi de plus naturel que d'admettre une filiation dont on découvre pour ainsi dire tous les degrés ? De l'éléphant « antique » à celui d'Asie et de l'éléphant « méridional » à celui d'Afrique, la distance est déjà bien faible ; mais du grand hippopotame fossile à celui de nos jours, qui a jadis habité le bassin de Paris, de l'ours des cavernes à l'ours brun, du bœuf primitif et du cheval tertiaire à notre bœuf et à notre cheval, l'intervalle se réduit presqu'à rien, si l'on tient compte d'une foule d'intermédiaires successifs.

M. Schimper, en interrogeant le règne végétal, a obtenu les mêmes réponses et expliqué de même par l'évolution le développement progressif du monde des plantes. Notons cependant quelques points essentiels : les genres et les familles ont généralement une vie plus longue chez les végétaux que chez les animaux supérieurs. Cette vitalité reporte le berceau de la plupart d'entre eux à une époque bien plus éloignée, malheureusement très pauvre en documents fossiles. D'un autre côté, les herbes font presque entièrement défaut. Pourtant, si l'on considère les plantes ligneuses, dont l'histoire est assez bien connue, on voit chaque genre représenté durant plusieurs périodes par une suite d'espèces assez peu différentes de celles que nous avons sous les yeux. Les liens de filiation réciproque sont d'autant plus saisissables que, pour beaucoup de ces séries, nous possédons à l'état vivant le terme définitif auquel l'évolution graduelle du type est venue aboutir. On découvre alors des coïncidences remarquables. Lorsque en effet les particularités de structure, de distribution géographique, qui distinguent une plante de nos jours se trouvent en rapport exact avec ce que l'on sait d'une ou plusieurs espèces fossiles du même genre, il est légitime de ne pas s'arrêter devant certaines variations de détail et de regarder la plus récente des deux espèces comme une continuation directe de l'autre. Agir autrement, ce serait renoncer à tout ce que l'analogie et l'induction offrent de ressources, c'est-à-dire à la méthode même. Eh bien ! en acceptant ces prémisses, on peut dire qu'il n'est pas d'arbre ou d'arbuste en Europe, dans l'Amérique du Nord, aux Canaries, dans la région méditerranéenne, qu'on ne rencontre à l'état fossile sous une forme spécifique plus ou moins rapprochée de celle d'aujourd'hui. Presque toujours un type très anciennement développé touche maintenant à son déclin, de même qu'une apparition tardive est souvent la marque d'une grande extension actuelle. Les affinités végétales entre l'Europe et l'Amérique du Nord, dont l'existence a été plusieurs fois proclamée, sont bien plus étroites encore lorsqu'on interroge les périodes antérieures. Si les animaux éteints de Pikermi ont révélé à M. Gaudry une liaison visible avec ceux qui habitent maintenant le centre de l'Afrique, la flore fossile du midi de l'Europe trahit à la même époque les mêmes tendances, et les îles Canaries semblent représenter le point où le double courant, américain et africain, est venu se confondre. Les terres polaires, dont la végétation tertiaire est bien connue grâce à l'infatigable M. Heer, ont constitué aussi dans le même temps une région mixte où les formes associées des deux continents s'étaient donné rendez-vous. Les arbres géants de la Californie, le dragonnier de Ténériffe, le thuya de l'Algérie, ne sont que les derniers survivants d'arbres dont la présence a été constatée dans l'ancienne Europe. Le cyprès chauve de la Louisiane fournit l'exemple d'un végétal autrefois répandu dans l'Europe entière, et qui, après l'avoir quittée, a continué à vivre en Amérique sans éprouver aucun changement. Même lorsqu'on constate des différences entre les espèces fossiles et les espèces vivantes similaires, elles ne sont pas assez tranchées pour empêcher de croire à la filiation des unes par les autres.

Précisons encore en insistant sur quelques exemples : l'arbre de Judée ou gaînier est maintenant spontané sur un seul point de la vallée du Rhône, non loin de Montélimart ; cette même région a présenté à quatre reprises, et dans quatre âges successifs, des gaîniers voisins du nôtre, distincts pourtant à quelques égards. Faut-il supposer que ces espèces aient péri chaque fois pour ressusciter sous une forme légèrement, quoique visiblement modifiée ? Le laurier-rose tertiaire, observé en Grèce et ensuite en Bohême, a été rencontré dernièrement près de Lyon. Il se montre dans ces localités sous des formes successives arrivant à se confondre avec la forme actuelle. Le laurier-rose est de nos jours indigène en Grèce et dans le midi de la France ; on conçoit très bien que cet arbre, après avoir varié dans une certaine mesure, ait été enfin chassé par le froid du centre de l'Europe. Le laurier ordinaire, le laurier des Canaries et le grenadier étaient associés, au laurier-rose lorsque celui-ci habitait les environs de Lyon, tous ont été peu à peu refoulés vers le sud. Est-il besoin d'appeler à son aide une série de créations instantanées pour expliquer des faits aussi simples d'évolution et de variabilité ? D'un autre côté, l'explication une fois, admise pour les espèces les mieux connues, comment ne pas l'étendre aux autres par analogie ?

Telle est en résumé la filière d'idées par laquelle l'étude des êtres anciens a conduit à la doctrine de l'évolution les esprits les plus divers. M. Darwin en Angleterre, en France MM. Gaudry, Schimper et tant d'autres, clans des branches entièrement distinctes, se plaçant même parfois à des points de vue opposés, sont arrivés pourtant à constater des faits et à formuler des résultats identiques. Le premier de ces savants, préoccupé de la théorie à laquelle il a attaché son nom, en a surtout recherché les applications immédiates aux êtres actuels. Il a peut-être ainsi trop multiplié les tentatives de solution pour chaque cas particulier ; mais il a su ouvrir une voie immense. En vrai savant, il s'est appuyé sur l'expérience et a poursuivi la vérité avec une sorte d'acharnement que ses adversaires ont été obligés de louer. Il a pensé enfin que les merveilleuses transformations subies autrefois par les êtres, dues à des effets sans doute très lents et soustraits par cela même à nos observations, pouvaient cependant redevenir visibles en interrogeant ceux des phénomènes présents qui reflètent le mieux les phénomènes d'autrefois. L'action de l'homme sur les plantes et les animaux a paru à M. Darwin propre à nous éclairer sur les antiques évolutions des espèces, bien qu'elle soit plus intense à certains égards, moins efficace et surtout différemment efficace à d'autres que l'action de la nature livrée à elle-même. ll faut donc, pour avoir une idée complète des progrès récents accomplis par l'école de l'évolution, exposer ses idées sur la culture et la domesticité, et clore cette étude par une analyse de toutes les notions que résume et condense celle de l'hérédité.

Section II

Les êtres vivants, loin d'être représentés, comme les fossiles, par des débris informes laissant entre eux d'énormes lacunes, constituent un ensemble harmonieux où rien ne saurait échapper à la sagacité de l'observateur attentif, ni les mœurs, ni les instincts, ni les particularités d'organisation et de structure. C'est à cette considération qu'a obéi M. Darwin lorsqu'il s'est attaché à faire sortir de l'investigation raisonnée de la nature présente les lois qui ont dû gouverner le monde depuis l'apparition de la vie. De cette pensée est né son livre sur l'*Origine des espèces*, où l'auteur accumule tant de preuves en faveur de ce principe, que l'action modificatrice de l'homme sur les animaux et sur les plantes n'est qu'une imitation raisonnée des procédés inconscients de la nature. Cette idée, il a cherché à la développer d'une manière toute spéciale en étudiant dans son dernier ouvrage les effets de la domesticité. Il a voulu montrer comment les êtres sauvages, une fois soumis à l'action de l'homme, se sont comportés. La question abordée par M. Darwin compte parmi les plus curieuses. Elle est et sera longtemps un champ de controverse ouvert aux naturalistes et -aux philosophes ; elle se lie à l'étude des premiers pas de l'homme enfant dans la voie du progrès.

Nul doute qu'avant de soumettre les animaux à la domesticité et de cultiver les plantes, l'homme n'ait traversé un état transitoire et imparfait durant lequel il essayait son influence sans en soupçonner encore toute l'étendue. Les Lapons en sont encore là, leurs troupeaux de rennes sont toujours à demi sauvages, ils les surveillent et les parquent en employant l'adresse ou la force, mais sans jamais en être les maîtres paisibles. Ni les femelles, lorsqu'il s'agit de les traire, ni les jeunes, lorsqu'on veut s'en emparer pour les abattre, ne se laissent approcher sans résistance, et les mâles étrangers se mêlent librement aux troupeaux domestiques dont ils contribuent à maintenir et à améliorer la race. Les premiers hommes, exclusivement chasseurs, ont dû voir d'innombrables herbivores parcourir le fond des vallées. La terreur qu'inspire aux animaux sauvages la présence de l'homme n'a pas dû toujours exister ; dans les régions où il aborde pour la première fois, dans celles même où il se montre rarement, des troupes familières l'entourent, le pressent et se laissent toucher sans défiance ; l'instinct qui pousse les animaux à fuir devant l'homme ne se développe chez eux qu'à la longue. Vivre à portée des plus utiles et des plus sociables pour en retirer certains avantages, tel est sans doute le point de départ de la domestication ; de cette idée à celle de les parquer, de s'emparer des jeunes pour les élever, il n'y a qu'un pas. Il fut franchi lorsque les animaux, plus vivement pourchassés et s'éloignant de l'homme, l'obligèrent à s'ingénier pour se procurer des ressources. Tant qu'il trouva dans les plaines des proies faciles, l'homme n'eut près de lui aucun animal domestique, sauf peut-être le chien, qu'il dut de bonne heure associer à son existence. D'ailleurs il ne s'est attaqué aux mammifères que lorsque la connaissance du feu lui eut appris à en modifier la chair par la cuisson ; sa dentition le voue naturellement à un régime composé de racines, de fruits, peut-être d'œufs et de petits animaux ; il a dû toujours rechercher les substances végétales, et, d'après ce que nous ont appris à cet égard les cités lacustres, il utilisait autrefois jusqu'aux fruits les plus misérables. Le sauvage de nos jours, auquel ressemblait certainement l'Européen primitif, traîne une existence précaire et est exposé à de grandes disettes. Il ne faut donc pas s'étonner de trouver les mûres, les baies de prunellier, les châtaignes d'eau et même les glands au nombre des substances alimentaires usitées dans les premiers âges. L'homme a certainement goûté de tout avant de faire un choix raisonné parmi les plantes dont il se nourrit, et M. Darwin est porté à croire que nos céréales ont dû à leur grain, promptement grossi par la culture, de se voir préférer à une foule de graminées à peine comestibles que le besoin poussait d'abord à recueillir.

L'idée de la domesticité, étroitement liée à celle des plus anciens progrès de l'homme, se perd donc avec lui dans la nuit des temps, et pourtant c'est justement le mystère des origines premières que notre esprit tiendrait à percer. Il faut recourir pour cela aux recherches récentes sur les âges de la pierre taillée, de la pierre polie et du bronze. Les vestiges des animaux domestiques y sont relativement plus rares que ceux des animaux sauvages. Quant aux plantes, les découvertes opérées sur l'emplacement des anciennes cités lacustres ont dévoilé le mode d'alimentation et l'agriculture rudimentaire des races primitives. On a observé un chien, probablement domestique, dans les débris de cuisine de la période néolithique en Danemark ; du temps des cités lacustres, dans l'âge de la pierre polie, c'est-à-dire à peu près à la même époque, il existait aussi en Suisse un chien de taille moyenne, intermédiaire entre le loup et le chacal. L'âge du bronze, en Scandinavie comme en Suisse, fait voir un autre chien de plus haute taille, remplacé dans l'âge du fer par un chien encore plus grand. — Le cheval était domestiqué vers la fin de la pierre polie ; mais ses débris sont bien plus rares que lorsqu'il ne servait qu'à l'alimentation, comme dans l'âge précédent. — Deux espèces de porcs, deux ou trois sortes de bœufs, une petite race de moutons à jambes hautes et grêles, et différant tout à fait des races actuelles, composaient le bétail ; la chèvre paraît avoir été plus abondante en Suisse que le mouton. — Les habitants de l'Europe méridionale ont de leur côté utilisé et probablement apprivoisé très anciennement le lapin.

L'agriculture devait être bien peu avancée ; cependant elle comprenait déjà dix sortes de céréales, cinq de froment, trois d'orge et deux autres graminées. Les pois, le pavot, le lin, la pomme, la poire et la noisette ont été recherchés et par conséquent cultivés de bonne heure. Du reste les grains de blé et d'orge étaient petits et peu nourris ; les fruits chétifs et le grand nombre de plantes et d'animaux sauvages utilisés comme aliment prouvent à quel point les ressources fournies par la culture et par l'élève du bétail étaient encore précaires. De la simplicité de ce premier état, la domesticité et la culture sont arrivées peu à peu à ce qu'elles sont de nos jours, où leurs riches produits couvrent le monde et suffisent à l'alimentation de peuples innombrables. Quelle énumération ne faudrait-il pas entreprendre pour compter les plantes de toute sorte, alimentaires, oléagineuses, saccharines, fourragères, textiles, tinctoriales, médicinales, que les Européens ont introduites ou améliorées ! Quant aux animaux, il suffit de rappeler les merveilles obtenues par l'élevage des bêtes de somme, de labour, et de celles qui sont destinées à donner leur toison ou à fournir leur chair ; enfin comment ne pas mentionner, même incidemment, ce que l'homme a fait du cheval, en créant d'une part les races les plus fières et les plus rapides, de l'autre les plus utiles et les plus vigoureuses ? A l'imitation de la nature, il a fait surgir partout de nouveaux êtres analogues à ceux que nous désignons du nom d'espèces.

Il est impossible en effet de nier les différences qui séparent entre elles les races domestiques ; mais, si ces diversités sautent aux yeux, il est permis de se demander quelle en est la valeur réelle et surtout la raison d'être originaire. Ici l'accord cesse de se manifester parmi les naturalistes, et l'on voit se dessiner trois écoles bien distinctes. Les uns considèrent surtout que l'homme, en se rendant maître des animaux et des plantes qu'il a pliés à son usage, a dû profiter de certaines circonstances favorables et de certaines aptitudes inhérentes à ces êtres eux-mêmes, et qui n'ont dû se rencontrer qu'assez rarement et sur des points limités. Admettant en outre que l'homme est apparu sur la terre à une époque relativement récente, et que toutes les races humaines descendent d'une souche unique, ils pensent qu'il a domestiqué originairement un nombre d'espèces assez restreint qui l'auraient accompagné dans ses migrations et auraient ensuite varié dans des limites considérables ; mais ces diversités pour eux ne dépassent jamais une certaine mesure, et les races domestiques, une fois abandonnées à elles-mêmes, ne tardent pas de reprendre leurs caractères primitifs. Ainsi, pour cette école, toutes nos races domestiques remonteraient à une, au plus à deux ou trois espèces qu'on ne saurait identifier avec les espèces libres similaires que lorsqu'on observe une fécondité réciproque sans limite. Quelques-unes des races domestiques auraient continué d'exister à l'état sauvage, tandis que d'autres auraient été entièrement subjuguées par l'homme. — D'autres esprits sont plus exclusifs ; à leurs yeux, les moindres dissemblances appréciables entre les êtres vivants deviennent des différences radicales. Il leur paraît impossible que la diversité des formes ne soit pas la preuve d'une origine distincte pour chacune d'elles ; ils admettent donc sans peine la pluralité des souches sauvages d'où les races domestiques seraient issues. Chaque race de porc, de bœuf, de mouton, chaque variété de poire, de pêche, de cerise, seraient descendues d'autant d'espèces primitivement sauvages. — Tout autre serait la signification donnée aux races domestiques par la dernière école, en tête de laquelle est venu se placer M. Darwin. Elles seraient le produit d'une série de modifications d'autant plus variées que les voies suivies pour les obtenir auraient été plus diverses. L'homme, poussé par le besoin, l'instinct ou le caprice, serait venu faire ce que faisait avant lui la nature par des moyens plus lents. Il aurait fourni à des types naturellement plastiques l'occasion de se transformer, et son intérêt l'aurait porté à fixer autant que possible les résultats de ces transformations. Le problème serait d'ailleurs très complexe, si, comme l'assure M. Darwin, la domesticité avait eu pour effet principal d'activer la fécondité mutuelle des êtres qui l'ont subie, en sorte que les descendants d'espèces distinctes auraient pu devenir susceptibles de se rapprocher et de reconstruire une race mélangée là où, en dehors de l'homme, les deux types seraient restés isolés ou même hostiles.

Cette considération, que l'origine presque assurée de certaines races de chiens par le loup rend très vraisemblable, jette une confusion de plus sur la filiation des races domestiques. Aussi le savant anglais, dans sa discussion des origines, a-t-il eu recours à tous les indices. C'est ainsi qu'il a mis dans son jour ce phénomène important et peu mentionné avant lui, que dans bien des cas les animaux rendus à la liberté, loin de reprendre des caractères uniformes, conservent une partie de ceux qu'ils doivent à l'intervention de l'homme, et forment, sous l'influence des conditions nouvelles qu'ils subissent, des races particulières et définitives. — Il en est ainsi en particulier du chien, dont l'histoire est d'autant plus obscure que sa domestication est plus reculée et plus universelle. Quelques auteurs l'ont fait descendre du loup, du chacal ou d'une espèce primitive unique ; mais l'opinion qui le fait venir de plusieurs espèces d'abord distinctes, puis diversement mélangées, semble avoir prévalu. En consultant certains monuments historiques, on voit qu'il existait déjà, il y a quatre mille ou cinq mille ans, plusieurs races séparées, présentant des traits caractéristiques des nôtres, chiens pariahs, lévriers, courants, dogues, bichons et bassets. Pourtant on ne saurait songer à identifier ces races avec les variétés correspondantes actuelles, qui en sont plutôt des répétitions parallèles que des prolongements directs. La ressemblance singulière de beaucoup de races de chiens de divers pays avec les animaux sauvages qui habitent à côté d'eux est encore un élément qui doit être pris en considération. Réelle, fortuite ou exagérée, cette ressemblance a de tout temps préoccupé les voyageurs, et dans certains cas elle constitue un indice frappant. Les croisements volontaires des chiens domestiques avec les espèces sauvages congénères paraissent être pratiqués par les Indiens d'Amérique ; plus au nord, chez les Esquimaux, le rapport devient tout à fait frappant. Il est vrai que les chiens des contrées polaires ont un rôle et des fonctions spéciales à remplir. Ils constituent les attelages des traîneaux, et reçoivent en retour une part de nourriture qu'il leur serait impossible de se procurer dans la saison froide, s'ils étaient abandonnés à leur instinct ; mais en dehors du service qu'on exige d'eux ils ne montrent pour l'homme aucun attachement : livrés à eux-mêmes, se roulant sur la neige, insensibles aux caresses, ils conservent les allures, le regard farouche, la queue basse du loup, et se croisent fréquemment avec ce dernier, donnant alors des produits d'une sauvagerie extrême. Ici donc la prétendue barrière entre la race du loup et celle du chien disparaît, et que le chien des Esquimaux soit un loup apprivoisé, ou le loup arctique un chien sauvage ayant les mœurs du loup, la confusion entre les deux races n'en est pas moins manifeste.

Les chiens de l'Amérique méridionale ressemblent de même au cancrier (*canis cancrivorus*) et se croisent fréquemment avec lui ; les chiens d'Awhasie rappellent le chacal, ceux de la côte de Guinée se rapprochent du renard ; il n'est pas jusqu'au chien de Hongrie dont la ressemblance avec le loup d'Europe ne soit très marquée, de même que celle des chiens pariahs de l'Inde avec le loup du même pays. D'un autre côté, rendus à l'état sauvage, nos chiens domestiques sont très loin de revêtir partout une coloration uniforme, d'affecter les mêmes mœurs et de présenter les mêmes caractères. Les uns perdent la faculté d'aboyer, et les autres, comme ceux de la Plata, la conservent ; ceux de Cuba diffèrent des chiens marrons de Saint-Domingue par la couleur de la robe et celle des yeux. Les chiens domestiques voient leurs caractères les plus fixes en apparence s'altérer ou disparaître au bout d'un temps très court, s'ils passent d'un milieu dans un autre. Les races d'Europe ne persistent pas dans l'Inde ; ailleurs elles perdent leur voix, leur pelage, leur forme, ou changent d'instincts ; l'ouvrage de l'homme se trouve ainsi détruit plus ou moins vite ; il s'était aidé de circonstances particulières, et son œuvre tombe devant des circonstances opposées. Pourtant ce n'est pas aux circonstances uniquement que l'on doit certaines déviations du squelette ni la coexistence dans la même contrée de formes aussi différentes que le lévrier et le bouledogue. Pour se rendre compte de modifications aussi accusées, il faut bien avoir recours aux forces latentes de l'organisme, sollicitées par l'homme et produisant des variations subites, fixées ensuite par l'effort réuni de la sélection et de l'hérédité.

C'est à peu près ce qui doit être arrivé pour le porc. Toutes les races, même celles que l'on a observées dans les îles écartées du Pacifique, paraissent descendre de deux types distincts, l'un encore sauvage, le sanglier, l'autre originaire de Siam et de la Chine, et dont la forme primitive serait perdue. Les races dérivées du sanglier existent encore, d'après Nathusius, sur différents points du centre et du nord de l'Europe ; elles disparaissent devant des races améliorées, produit direct de l'industrie humaine. Chacun connaît les races anglaises, chez qui toutes les aptitudes ont pour but de favoriser l'engraissage et le développement des parties utiles aux dépens des autres. Le groin, les crocs, les mâchoires, les soies, tendent à surgir par un mouvement inverse dès que l'animal est livré à une vie plus active. Il y a déjà loin du porc amélioré du Yorkshire au porc à moitié libre d'Irlande ou de nos départements de l'ouest et du midi ; aussi voit-on apparaître chez ces derniers des particularités dont il n'existe pas trace chez les autres. La taille varie selon les climats, ainsi que la consistance des poils ; les porcs turcs et westphaliens reprennent aisément la livrée des marcassins, les individus des vallées chaudes de la Nouvelle-Grenade sont au contraire presque nus, et d'autres, à des hauteurs de 7 et 800 pieds, revêtent une fourrure épaisse de poils laineux. Les bêtes bovines diffèrent à tel point que l'on serait tenté d'y distinguer deux divisions principales, l'une pour les zébus aux bœufs à bosse, l'autre pour les bœufs sans bosse, comme notre taureau. Cependant partout où les premiers se sont trouvés en contact direct avec notre gros bétail, il en est sorti des croisements féconds. En Europe, on reconnaît à l'état fossile au moins trois espèces de bœufs qui paraissent avoir été domestiqués de toute antiquité, et dont le type s'est perpétué parmi nos races indigènes. Une race à demi sauvage, conservée en Angleterre dans le parc de Chillingham, paraît reproduire à peu près les caractères du bœuf primitif ou *primigenius*, de même que le bétail noir du pays de Galles se rattache au type du *longifrons*.

D'autres animaux, et le cheval en tête, pourraient bien être issus d'un type originaire unique ou du moins très uniforme ; mais quel est le point de départ véritable de cette race qui, suivant l'homme dans ses migrations, s'est étendue avec lui jusqu'aux extrémités de la terre ? Pour le déterminer, M. Darwin invoque la récurrence de certains caractères qui, renaissant après un long sommeil, sont comme un souvenir lointain des habitudes primitives. Non-seulement le cheval peut supporter un froid intense, puisque l'on en rencontre des troupes sauvages dans les plaines de la Sibérie jusqu'au 56e degré de latitude, mais il conserve longtemps l'instinct de gratter la neige pour retrouver l'herbe au-dessous. Les tarpans sauvages de l'Orient, les chevaux libres des îles Falkland, ceux du Mexique et de l'Amérique du Nord possèdent également cet instinct, qui se rattache sans doute à quelque particularité de leur vie antérieure, au sein de la contrée d'où ils sont originairement sortis. S'il en est ainsi, le cheval n'aurait été adapté au climat sec et brûlant de l'Arabie et de l'Afrique que par le fait de l'homme. C'est là pourtant qu'il a acquis ses plus nobles qualités, ses formes les plus parfaites, et que la race la plus pure s'est formée. La sélection exercée sur le cheval a créé en lui des facultés toutes particulières. Déjà bien éloignée des parents arabe et barbe dont elle est issue, la race de course anglaise possède et transmet fidèlement les particularités artificielles accumulées chez elle. Que de différences encore d'un type de cheval à un autre ! Les races insulaires et montagnardes sont généralement chétives, celles des plaines et des gras pâturages massives et de grande taille. Certaines robes, comme l'isabelle, fréquentes dans l'Europe orientale et l'Asie intérieure, sont à peu près inconnues chez le cheval de course anglais et le cheval arabe, dont il descend. Il existe cependant chez toutes les races chevalines une particularité de coloration que l'on serait tenté de regarder comme un retour vers le pelage d'un ancêtre éloigné, tant cette particularité est générale et conforme à celle qui distingue plusieurs espèces vivantes du groupe des équidés ; nous voulons parler des raies ou bandes soit dorsales, soit zébrines, qui reparaissent dans toutes les races ; elles se montrent ordinairement sur les fonds isabelle ou alezan clair, ou encore gris de souris, et s'effacent parfois avec l'âge ; d'autres fois elles se manifestent tard, et persistent alors pendant toute la vie. Ces retours de coloration sont faciles à observer chez les pigeons domestiques, divisés maintenant en une infinité de races et de variétés, qui toutes cependant paraissent provenir du seul pigeon de roche ou biset. Le caprice des amateurs, la passion de la nouveauté et même de la bizarrerie, engendrent peu à peu ces diversités, bientôt fixées à l'aide d'une sélection systématique ; mais la tendance au retour partiel vers l'ancêtre commun ne subsiste pas moins : la livrée bleu ardoise et les barres transversales des ailes qui distinguent le biset reparaissent aisément chez tous les descendants transformés de cette espèce. Les mêmes effets de variation, de croisement et de réversion se retrouvent chez les races gallines, qui toutes paraissent avoir divergé d'un type unique, le *gallus bankiva*, espèce qui habite à l'état sauvage l'Inde septentrionale, l'Indo-Chine, et s'étend jusqu'aux Philippines et à Timor.

L'apparition d'un caractère ou d'une faculté ne constitue jamais chez les animaux un acte complètement indépendant ; les différents organes tendent à s'équilibrer et à réagir les uns sur les autres. C'est cette dépendance plus ou moins étroite, mais toujours réelle, des différentes parties de l'ensemble que M. Darwin appelle *corrélation de croissance*. Ainsi les membres antérieurs ne sauraient changer sans amener des changements dans les postérieurs ; l'allongement des jambes produit ordinairement celui du cou et de la tête ; les parties dures, les cornes, les ongles, les appendices tégumentaires, se renforcent chez les animaux maigres et s'affaiblissent ensemble chez ceux où prédominent les parties molles. Si des animaux nous passons aux plantes, les mêmes lois générales se laissent reconnaître, mais dans d'autres limites et à l'aide de combinaisons en rapport avec la distance qui sépare les deux règnes.

La plante et surtout l'arbre ne sont pas composés, comme l'animal, d'un nombre rigoureusement déterminé de parties. L'individu végétal n'est, à proprement parler, que le support d'une réunion d'organes groupés d'une manière tantôt simultanée, tantôt successive, solidaires pourtant, puisque la sélection de l'homme ne saurait en transformer un sans influer sur les autres. La poire ne s'améliore point sans que le poirier lui-même ne prenne un autre aspect qu'à l'état sauvage. Il existe donc aussi chez les végétaux une véritable corrélation de croissance ; mais ce qui sépare surtout les plantes des animaux, c'est que chez elles les appareils sexuels ne sont ni uniques, ni permanents. Ce sont presque toujours des organes multiples qui se montrent pour accomplir leurs fonctions et disparaissent ensuite. Malgré cela, les qualités, les formes, les couleurs, les caractères de toute sorte et jusqu'aux nuances les plus fugitives se transmettent chez les végétaux. Quoiqu'en eux tout soit passif, la nature a varié à l'infini les moyens de croisement, soit en séparant les sexes, soit en employant les insectes aux opérations délicates du transport de la poussière fécondante, soit enfin par cette circonstance que les fleurs peuvent se féconder réciproquement.

A l'absence de mouvements volontaires et par conséquent de spontanéité se joint chez les végétaux la difficulté de réagir contre les milieux ambiants par l'absence d'un foyer de combustion intérieure. Non-seulement la chaleur qu'ils portent en eux garantit les animaux, surtout les plus élevés en organisation, contre le froid, mais ils peuvent, par le choix des aliments absorbés, accroître l'intensité de cette force de résistance. Les végétaux sous ce rapport sont évidemment bien plus dépourvus de moyens de défense ; ils réagissent pourtant, mais très lentement, par une sorte de sélection. L'organisation, basée sur des combinaisons trop délicates et trop complexes, des végétaux du midi succombe à coup sûr sous une atteinte souvent très faible. Quelques-uns d'entre eux se montrent pourtant robustes et cosmopolites, quelle que soit leur provenance. Le blé, le riz, le maïs, la pomme de terre, le tabac, la vigne même, occupent des espaces qui se prolongent bien au-delà des limites de la distribution naturelle de ces plantes. L'homme a su agrandir le cercle où on les peut cultiver, s'attachant aux seules parties qu'il utilise dans chacune d'elles.

Il existerait bien des singularités à signaler en considérant la distribution des plantes cultivées relativement à celle des régions d'où on présume qu'elles sont sorties. Le bananier, maintenant répandu dans toute la zone torride des deux mondes, a dû cependant être apporté en Amérique de l'Asie méridionale à une époque dont il est impossible de fixer exactement la date, mais qui, si l'on s'en rapportait à certains indices, serait peut-être antérieure à la découverte. Le maïs est au contraire américain d'origine, il était cultivé par les indigènes ; cependant il n'a jamais été retrouvé à l'état sauvage. Il en est sans doute de même du froment. Il est à peu près certain qu'on ne l'observe nulle part à l'état spontané, et les exemples cités par quelques voyageurs se rapportent plus probablement à des semis sporadiques qu'à des plantes réellement sauvages et indigènes. Le froment primitif existe peut-être dans une des nombreuses espèces de *triticum*, ou blé naturel, que les botanistes connaissent sans qu'il soit possible d'en saisir la parenté avec le froment cultivé. Les grains de blé les plus anciens proviennent des ruines des cités lacustres ; ils ne sont qu'imparfaitement séparés de la glume et bien plus petits que les nôtres, puisque les plus gros n'ont que six, rarement sept millimètres de longueur, et les plus faibles seulement quatre, tandis que les grains modernes en mesurent presque toujours sept ou huit. La culture a donc su modifier la céréale primitive, dont le grain était à peine comestible, et a développé chez elle une tendance à varier et à grossir qui s'y trouvait à l'état latent. Aucune plante ne semble plus artificielle que le froment, aucune n'exige des soins plus constants et une sélection plus attentive ; les changements obligés de semence et le choix qu'il faut faire des plus beaux grains pour empêcher l'espèce de dégénérer le prouvent surabondamment.

Dans ses semis de poirier, M. Decaisne est parvenu à faire reproduire par chaque sujet dont il avait semé les pépins la plupart des types de nos races cultivées. C'est donc à l'aide de semis successifs, volontaires ou accidentels, que nos fruits se sont formés ; en les améliorant, on a profité d'une disposition que l'on observe dans toutes les races naturelles. Tel est le point de départ : l'homme se saisit de cette force latente, il la détourne à son usage et parvient à en accentuer les effets en les accumulant ; mais la nature elle-même la possède et la manifeste sous nos yeux, quoiqu'à un moindre degré. Les difficultés qu'éprouve le botaniste à déterminer les limites réciproques des espèces congénères dès que le genre dont elles font partie est compacte et distribué sur un grand espace, ces difficultés sont du même ordre que celles qui arrêtent le pomologue dans le classement de certaines variétés de fruits. Ainsi nos procédés ne diffèrent pas de ceux de la nature ; l'homme n'a fait que s'approprier ceux-ci pour arriver à ses fins ; seulement, dans la race domestique, les circonstances occasionnelles, étant de son fait, sont plus ou moins artificielles et fugitives. La race domestique est donc une espèce créée en vue de l'homme plus rapidement que l'espèce sauvage et par cela même établie sur des bases moins fixes. L'espèce spontanée a dû se faire lentement, sous l'empire de nécessités permanentes, au moyen de la même force inhérente à l'organisme, mais agissant plus sûrement que lorsque l'homme s'en empare pour en profiter. Or, justement parce que l'espèce est l'effet d'une longue série de causes combinées et solidaires dont elle garde l'empreinte et qui sont susceptibles de se réveiller en elle, même après un long sommeil, elle n'a rien d'absolu ; de là les difficultés éprouvées par ceux qui, voulant en faire la pierre angulaire de tout l'édifice de la nature, ne peuvent pourtant s'accorder pour définir en quoi elle consiste.

Section III

Lorsque, s'élevant au-dessus des particularités, on considère les phénomènes de la vie en eux-mêmes, et non plus pour décrire simplement les êtres qui les personnifient, on ne tarde pas à découvrir un principe général qui embrasse en quelque sorte tous les autres : c'est celui de l'hérédité, force active et impulsive, raison d'être de tout ce qui vit. L'hérédité est proprement une continuation de l'être organisé. Sans elle, il n'y aurait que des personnalités privées de liens réciproques, destinées à périr après un certain temps. Par elle seule, nous concevons de nouveaux êtres possédant des caractères propres et des caractères transmis. L'hérédité, ainsi considérée, source à la fois des variations et des ressemblances, est le seul moyen à la portée de notre intelligence par lequel nous puissions nous expliquer l'existence des êtres vivants, ainsi que celle des intervalles par lesquels ils se rapprochent ou se séparent. D'autre part, l'expérience nous apprend que l'hérédité résulte nécessairement d'une série plus ou moins nombreuse de générations, que par elle les divergences vont en s'accentuant de même que les similitudes en se fixant, et que les degrés intermédiaires peuvent et doivent disparaître ; il n'y a donc pas pour nous d'impossibilité directe à ce que les êtres vivants qui possèdent entre eux quelques traits similaires aient pu sortir les uns des autres, et remontent en réalité à un petit nombre d'ancêtres communs. Dans la majorité des cas, la somme des similitudes organiques étant plus forte que celle des divergences, la supposition par elle-même n'a rien que de plausible. Buffon, qui n'avait encore qu'une idée confuse de la durée presque sans limite du globe, s'étonnait en termes magnifiques « de ce monde d'êtres relatifs et non relatifs, de cette infinité de combinaisons harmoniques et contraires, de cette perpétuité de destructions et de renouvellements ; » il y voyait avec raison une sorte d'unité toujours persistante et éternelle ; il exprimait enfin cette belle pensée, que la faculté de se reproduire, commune à tous les êtres, supposait entre eux « plus d'analogie et de choses semblables que nous ne pouvons l'imaginer, » et suffisait pour nous faire croire que « les animaux et les végétaux étaient des êtres à peu près du même ordre.[1] » Ce lien de l'hérédité embrasse

1 Voyez Buffon, *Discours sur la manière de traiter et d'étudier l'histoire naturelle,*

donc l'universalité de ce qui a vie ; tout ce qui se meut ou végète lui est soumis, et M. Darwin, comme Buffon, s'arrête devant la multiplicité des effets qu'il produit. Les merveilles de l'hérédité sont sous les yeux de chacun de nous, elles sont en nous-mêmes, il ne dépend que de nous de les constater et d'y reconnaître, en les analysant, plusieurs ordres de phénomènes distincts relevant de la même cause. Pénétrons à la suite de l'éminent auteur anglais dans l'intérieur de ce vaste laboratoire, au sein duquel la vie lutte incessamment pour réparer ses pertes, maintenir et étendre son domaine.

Il faut d'abord, dans l'hérédité, distinguer d'une part la transmission des caractères antérieurement acquis, de l'autre l'apparition des caractères nouveaux et la possibilité pour ceux-ci de se fixer. Par l'un de ces phénomènes, on conçoit la perpétuité possible de certaines particularités ; par l'autre, on comprend la divergence progressive des races. Ces deux ordres de faits sont connexes malgré les résultats opposés auxquels ils conduisent. Dans la transmission aux enfants des caractères possédés par les parais, l'hérédité seule agit. Cette ressemblance est ce qui nous frappe le plus dans l'hérédité. Quoi de moins varié que les individus d'un même troupeau, que les cerfs d'une même contrée, que les lièvres, les loups, les renards, comparés les uns aux autres ? Cependant, même chez les animaux les plus semblables en apparence, la diversité n'existe pas moins, puisque les animaux sauvages se reconnaissent entre eux, et que le berger distingue sans hésiter chacune de ses bêtes. Les individus les plus analogues possèdent donc une physionomie qui leur est propre ; chez quelques-uns, ces différences peuvent accidentellement devenir plus saillantes, et enfin, s'il se produit des particularités entièrement nouvelles, elles n'en seront pas moins sujettes à la transmission héréditaire. Dans ce dernier cas, l'hérédité n'agit pas seule. Pour expliquer cette variation, lorsqu'elle est sans précédent et qu'elle ne saurait être attribuée ni à l'hérédité proprement dite, ni à l'hérédité éloignée ou atavisme, il faut nécessairement recourir soit à l'action spontanée de l'organisme, soit à l'influence des circonstances extérieures. Ces deux causes se combinent en effet pour faire surgir de nouveaux caractères, et dans beaucoup de cas il est difficile de décider si c'est l'une plutôt que l'autre que l'on doit

---

et *Histoire générale des Animaux.*

invoquer de préférence. Cependant on a vu se manifester parfois des particularités organiques tellement imprévues qu'il est difficile d'admettre que les circonstances extérieures y aient contribué en quelque chose : ainsi l'homme porc-épic dont l'épiderme portait des appendices cornés en forme de plaques raides, sorte de carapace qui muait périodiquement, ne devait à aucune cause externe cette singulière défense qu'il transmit à plusieurs de ses descendants. La plupart des monstruosités animales, les porcs à deux jambes cités par M. Hallam, les lapins à oreilles pendantes, sont dans le même cas, et l'organisme seul, obéissant aux forces qui le dirigent, a dû certainement les produire. Même lorsqu'il faut invoquer l'action des milieux, l'organisme demeure toujours la source première de tous les changements ; les circonstances extérieures ne sont que l'occasion ; l'organisme est le centre et le point de départ des diversités qui surviennent et qui se consolident plus tard par l'hérédité.

Si l'organisme était entièrement livré à lui-même, c'est-à-dire si les circonstances extérieures ne changeaient pas, il s'établirait par ce seul fait une très grande uniformité chez les êtres vivants. Cette uniformité serait telle que des formes particulières apparaîtraient rarement et se maintiendraient plus rarement encore. On peut même ajouter que, sous l'empire permanent d'un pareil état, la somme des ressemblances parmi les êtres animés dépasserait de beaucoup celle des différences ; mais il n'en est pas ainsi, les circonstances extérieures peuvent et doivent changer. Rien n'est stable et définitif ici-bas ; le sol, les climats, les conditions de nourriture, la composition même des liquides et des gaz, ont changé à plusieurs reprises dans le cours des âges géologiques, tantôt par un mouvement insensible, tantôt par l'effet de révolutions. Ils changent encore sous nos yeux dès que l'on passe d'une contrée dans une autre. Pour certaines catégories d'animaux et de plantes, il suffit même de se déplacer de quelques lieues pour voir se renouveler l'aspect des choses extérieures et des êtres vivants. L'acclimatation, c'est-à-dire l'adaptation des organismes aux exigences d'une patrie nouvelle, constitue une opération délicate, sujette à bien des mécomptes, et dont la difficulté même atteste combien les animaux et les plantes sont sensibles à l'influence des conditions extérieures. L'altitude rampante contractée par certains végétaux alpins, comme le genévrier de l'Himalaya et celui des Alpes, est certainement un effet de la rigueur du froid, dans ces hautes régions. Peu d'années suffisent pour produire la variété de froment crue l'on nomme blé de printemps. Le maïs apporté directement du Brésil est d'abord plus sensible au froid que les variétés européennes ; mais il acquiert, au bout de deux ou trois générations, le même degré de rusticité que celles-ci. Enfin beaucoup de plantes des plaines d'Europe présentent des variétés alpines que les meilleurs botanistes n'en séparent pas, et auxquelles il a suffi de vivre dans un milieu spécial pour revêtir des caractères différents. Si des plantes on passe aux animaux, l'influence des milieux est encore plus visible et plus prompte à se manifester. Les chiens européens dégénèrent dans l'Inde ; leurs instincts s'effacent, leurs formes s'altèrent ; le dindon change dans le même pays ; le canard domestique oublie de voler. Il serait facile de multiplier ces exemples. Nul doute que l'homme n'ait usé de ce moyen puissant pour produire les races, qui se sont ensuite consolidées sous ses yeux par la sélection et l'hérédité. On ne saurait douter non plus que de légers changements n'aient été dans la plupart des cas le point de départ des races les plus accentuées et les plus fixes. Ces races, une fois devenues permanentes, n'ont pas tardé à supplanter les individus dépourvus des qualités reconnues avantageuses qui, chez elles, n'avaient cessé de s'accroître à chaque génération. M. Darwin fait observer avec quelle rapidité les bœufs courtes-cornes ont éliminé leurs concurrents à longues cornes, et les porcs de race améliorée les anciennes races porcines, dès que l'infériorité de celles-ci a été reconnue. Cependant, quelle que soit l'influence décisive des circonstances extérieures sur l'organisme, celui-ci, loin de subir d'une façon passive les changements qui se manifestent en lui, les coordonne et les fait servir à l'exécution d'un plan général, par lequel l'harmonie de l'ensemble se maintient sans altération à travers les changements les plus radicaux en apparence. Si l'organisme peut être facilement ébranlé en effet, les variations qu'il éprouve, même partielles, ne sont jamais entièrement isolées ; toutes les parties les ressentent. Il s'établit entre les organes une correspondance nécessaire par suite de la corrélation de croissance. Il n'est pas toujours facile de se rendre compte de la nature de ces effets de corrélation. Suivant M. Darwin, il existe un rapport constant entre la coloration de la tête et celle des membres ; les chevaux et les chiens qui portent sur le front des taches d'une autre teinte que le fond de la robe ont aussi les extrémités des jambes marquées de la même couleur. Chez les hommes, une exubérance extraordinaire du système pileux a quelquefois amené une dentition imparfaite ou surabondante. Il existe une corrélation certaine entre la couleur du pelage et celle de l'iris ; mais il est plus singulier de signaler l'existence d'un rapport entre la coloration des yeux et la surdité : il paraîtrait en effet que les chats blancs à iris bleu sont presque constamment sourds. A côté de la variabilité corrélative, on peut placer encore la variabilité analogique, qui montre des diversités de même nature se produisant chez des êtres éloignés ; c'est ainsi qu'on remarque des arbres à rameaux pleureurs dans des groupes bien différents. Tous ces changements et bien d'autres dépendent de l'organisme ; c'est lui qui donne l'impulsion que l'hérédité prolonge en l'accélérant. La puissance de celle-ci, une fois en jeu, ne connaît pas de limites ; elle peut tout transmettre, les caractères physiques les plus saillants, les plus légers ou les plus accidentels, aussi bien que les instincts et les particularités de mémoire, d'intelligence, et jusqu'aux habitudes les plus futiles.

On pourrait écrire des volumes à cet égard ; les races de chiens, de chevaux, de bétail, si complètement transformées par l'homme, celles de divers oiseaux qu'il a façonnés, en sont des preuves irrécusables. Si l'on s'attache à l'homme lui-même, l'étonnement redouble ; certains gestes habituels, des tics bizarres, se transmettent en dehors même de la fréquentation des parents qui les possèdent ; certains genres de mémoire, celle des noms et des dates par exemple, se trouvent l'apanage commun de toute une famille ; il en est de même des dispositions mentales, de celle au suicide même, dont il serait aisé de citer des exemples frappants. La goutte, l'apoplexie, la phthisie, sont évidemment héréditaires et se montrent bien souvent chez les fils au même âge que chez le père. On a même vu quelquefois des anomalies de conformation dans les mains et les pieds, et jusqu'à des marques superficielles, comme des cicatrices, reparaître chez les enfants de ceux qui les présentaient et acquérir ainsi une sorte de permanence. On pourrait à la rigueur trouver dans ces faits une explication des difformités caractéristiques qui existent normalement chez beaucoup d'animaux sauvages, comme la bosse des chameaux et des zébus, la lèvre supérieure des phacocères percée par les crocs recourbés de ces animaux ; ces difformités auraient été un accident avant de devenir un caractère commun à tous les individus de l'espèce. D'un autre côté, d'autres altérations longtemps répétées semblent n'influer en rien sur les produits de l'hérédité. Beaucoup de races d'hommes se mutilent volontairement de temps immémorial, soit en s'arrachant les incisives, soit en se privant d'une phalange ou même en pratiquant la semi-castration, comme les Cafres, sans que la conformation des enfants s'en soit jamais ressentie. On ne voit pas non plus que les chiens à qui on coupe la queue aient été affectés dans leur descendance par la perte constante de cet organe. L'organisme réagit donc dans beaucoup de cas ; mais il suffit qu'il se modifie dans d'autres pour que certains accidents aient pu se transmettre par voie héréditaire.

Si l'hérédité est la source d'une telle multitude de phénomènes, elle ne s'exerce pourtant que dans des conditions et par des moyens déterminés, constituant ce que l'on nomme la fécondité. Élément indispensable de celle-ci, se manifestant le plus souvent à l'aide des sexes, d'autrefois en dehors d'eux, la fécondité n'a été départie que dans une mesure très inégale aux différents êtres. Presque illimitée chez les organismes inférieurs, on la volt décroître à mesure que l'on s'élève dans la série animale et se réduire finalement à une seule portée annuelle, comprenant très peu de petits ou même un seul. Les accidents de toute sorte diminuent encore cette fécondité déjà si faible, et la ramènent à de telles proportions que, si rien ne change dans une contrée, les mammifères sauvages qui l'habitent ne dépasseront jamais certains chiffres relatifs. La rareté de la nourriture, réduite par la concurrence générale au strict nécessaire, doit contribuer à ce résultat, car l'alimentation influe directement sur la fécondité, et parmi les faits mis en lumière par M. Darwin, s'il en est un qui paraisse hors de contestation, c'est l'accroissement de la fécondité par la domestication et la culture. La même cause diminue ou fait disparaître la stérilité des produits d'un croisement hybride. On est bien forcé de le penser en se rappelant l'origine multiple de plusieurs de nos races domestiques dont les descendants actuels sont indéfiniment féconds ; il n'y a d'exception que pour le mulet, et cependant il paraîtrait que la difficulté de l'obtenir est moindre que dans les temps anciens. Si la domestication accroît la fécondité, la captivité, chez les espèces sauvages qui refusent d'en accepter le joug, produit souvent le résultat opposé. La domestication n'est définitive pour une espèce que lorsque celle-ci consent à se reproduire. Certaines races, apprivoisées en apparence, refusent de le faire. Il en est ainsi des éléphants dès qu'on les arrache à leurs forêts ; les tigres et plusieurs autres carnassiers ne produisent que très rarement en captivité, quelquefois même des oiseaux mâles perdent en cage leur coloration pour revêtir les livrées de la femelle. Il semble qu'un changement trop brusque dans la manière de vivre soit venu pervertir l'instinct de ces animaux et détruire en eux le germe de tous les désirs. Enlevés à leurs solitudes, à la vie errante, aux aspects du sol natal, privés de leurs compagnons, ils demeurent en proie à une nostalgie particulière. Tel est le sort des naturels droits et fiers chez les animaux ; d'autres montrent plus de souplesse et de sociabilité ; l'homme a pu les plier plus ou moins vite à ses desseins et leur faire accepter une nouvelle vie plus facile et par cela même plus favorable à la fécondité.

Il faut maintenant examiner trois phénomènes dont l'étude a été poursuivie avec un soin tout particulier par M. Darwin. La consanguinité ou les effets des unions consanguines, le croisement ou rapprochement entre des races distinctes, enfin l'hybridité ou croisement entre des races congénères, mais naturellement inféconds, nous donneront la clé d'une foule de problèmes relatifs à l'espèce. — Les avantages de la consanguinité sont faciles à saisir : ce moyen, universellement en usage chez les animaux domestiques, est le seul par lequel on puisse fixer héréditairement et surtout accroître les caractères dont l'utilité est reconnue. De pareilles unions se multiplient presque à l'infini au sein de la domesticité. Chez l'homme lui-même, l'inévitable effet des unions consanguines souvent répétées est de perpétuer au sein des familles certains caractères physiques et moraux ; mais, si les qualités se transmettent, les défauts et les vices de constitution, les germes des maladies, se transmettent aussi, et la consanguinité poussée à l'extrême a des inconvénients qui finissent par prévaloir à la longue. Une certaine faiblesse nerveuse, une délicatesse extrême, des tendances morbides, par-dessus tout une stérilité sinon radicale, du moins partielle et croissante, paraissent être la suite des unions consanguines poussées à l'excès. A ce dernier égard surtout, les témoignages abondent ; la fécondité ne disparaît pas, mais elle se trouve atteinte, et la nécessité d'un croisement finit toujours par se faire sentir. Les éleveurs l'ont ainsi compris ; un mélange de sang nouveau leur paraît nécessaire de temps à autre pour cimenter les races obtenues à l'aide de la consanguinité et les rendre parfaitement fécondes. Dans les parcs anglais où l'on conserve à l'état libre des troupeaux de daims, l'introduction de mâles étrangers est employée méthodiquement. Les bœufs de Chillingham, qui sont livrés à eux-mêmes, ne foraient qu'un troupeau peu nombreux qui se reproduit difficilement et dont la taille semble avoir diminué peu à peu. L'effet des unions consanguines est encore plus rapide chez les végétaux ; la même semence ne peut longtemps servir à propager nos légumes et nos céréales. Si les plantes n'étaient pas renouvelées, les grains s'amoindriraient ; elles perdraient jusqu'à la vertu germinative, si on voulait les soumettre à se féconder toujours entre elles.

La consanguinité, telle qu'elle est pratiquée chez les animaux domestiques, n'existe pas chez l'homme ; que ce soit par un instinct supérieur des inconvénients qu'elle entraîne ou par l'effet d'un sentiment moral conservateur des lois de la famille, un préjugé irrésistible a fait partout repousser ces sortes d'unions, flétries du nom d'inceste et proscrites jusque dans les sociétés humaines les plus dégradées. Les mariages entre frère et sœur ont été pourtant quelquefois en usage, et nos traditions religieuses elles-mêmes les admettent, au moins à l'origine. La fable d'Œdipe nous montre avec quelle horreur on regardait chez les Grecs les rapports entre parents et enfants ; quelques récits de la Bible sembleraient, il est vrai, impliquer des idées moins répulsives ; ils se rattachent pourtant Il des circonstances exceptionnelles et présentent une singularité qui prouve combien les faits qu'ils relatent étaient en opposition avec les habitudes contemporaines. Les prohibitions encore maintenues par l'église comme par la loi affirment la persistance de l'opinion contraire à la consanguinité.

Le croisement au contraire active la fécondité et communique aux êtres vivants une énergie particulière. Les végétaux eux-mêmes en ressentent les effets bienfaisants ; les moyens les plus complexes et les plus ingénieux sont employés par la nature pour arriver à ses fins. Sans parler des plantes dont les sexes sont séparés sur des pieds différents, beaucoup de fleurs sont construites de telle façon que leur propre pollen ne saurait les rendre fertiles. Le contact de celui-ci leur est même quelquefois nuisible. Dans la plupart des orchidées, le concours des insectes est nécessaire pour la fécondation. Les avantages du croisement paraissent donc incontestables. Il existe cependant une limite à cet accroissement de la fécondité par le croisement, et cette limite est celle où commence l'hybridité. Si l'intervalle qui sépare les races s'élargit au-delà d'une certaine limite, il arrive un moment où la fécondité réciproque devient difficile, s'arrête même, à moins qu'on ne parvienne à l'obtenir artificiellement ; c'est alors de l'hybridité. Sur cette question de l'hybridité, il est nécessaire d'entrer dans quelques explications, car c'est le nœud même de la doctrine transformiste. On peut soutenir d'abord que les races sont fécondes entre elles parce qu'elles appartiennent à la même espèce, tandis que les espèces distinctes sont stériles à raison même de cette distinction ; mais ici la différence spécifique que l'on invoque se trouve justement basée sur l'observation même du fait qui sert à l'établir : c'est donc une vraie pétition de principe. Du reste la stérilité des hybrides n'est ni absolue ni permanente ; elle présente bien des degrés divers et successifs, depuis la fécondité partielle jusqu'à la fertilité constante et indéfinie perpétuée à l'aide de nouveaux croisements avec l'une des deux formes parentes. Deux espèces voisines en apparence donnent lieu à des produits viciés, tandis que l'on voit d'autres hybrides provenant d'espèces bien plus éloignées présenter des produits féconds, au moins partiellement. Souvent les hybrides retournent après quelques générations à l'une des souches-mères, et cela n'a rien de surprenant. C'est là un phénomène d'atavisme pareil à ceux dont les croisements offrent tant d'exemples. Si les espèces sont presque toujours stériles entre elles, si les hybrides qu'elles produisent accidentellement le sont au moins partiellement, il ne s'ensuit pas qu'une différence originelle s'élève comme un mur infranchissable pour les séparer. La fécondité mutuelle est sans doute le résultat d'une convenance organique, et les espèces lentement formées n'ont dû acquérir qu'à la longue les caractères qui les distinguent.

La cause du phénomène nous paraît être toute physiologique ; livrés à eux-mêmes, les animaux se croisent tant que la diversité qui les attire est pour eux un stimulant, ils s'éloignent dès qu'elle devient un obstacle ou une source de répugnance. Le point où cesse l'attrait et où commence la barrière est certainement indécis et doit être souvent franchi accidentellement avant de devenir définitif. Ce ne sont jamais d'ailleurs deux êtres parfaitement semblables qui s'unissent ; même dans les unions consanguines, ce sont deux individus dont les différences, bien qu'accessoires, sont réelles et souvent très frappantes. Le produit réunit en lui les deux ressemblances, mais à un degré nécessairement inégal, puisque, en fait de caractères, il ne possède jamais que ceux du sexe qui lui a été départi. Il devrait donc par ce côté au moins tenir exclusivement du père ou de la mère, et par conséquent les produits mâles d'un coq, d'un cheval de course, d'un taureau, auraient seuls l'énergie, la rapidité, le courage qui distinguent les mâles de ces races d'animaux. Cependant, l'expérience le prouve, pour obtenir ces qualités, on a recours également aux deux sexes. Ce fait, si naturel qu'il n'a pas besoin de preuves, constitue pourtant un phénomène de la plus haute valeur, que M. Darwin a soin de mettre en lumière. Il y voit la démonstration de ce qu'il nomme des *caractères latents*, c'est-à-dire dont l'existence demeure cachée chez celui qui les a, et qui sont pourtant susceptibles, dans cet état, d'être transmis à sa descendance, même éloignée. Les caractères distinguant le mâle et la femelle, — qui dans certaines espèces se ressemblent fort peu, — attendent toujours pour paraître l'âge de la puberté, c'est-à-dire qu'ils restent à l'état dormant durant une partie de la vie ; il est singulier d'observer qu'ils sont quelquefois susceptibles de se montrer chez des individus d'un sexe différent, lorsque par l'âge ou par quelque autre circonstance le sexe propre vient à s'effacer. Les instincts de la femelle, comme la tendance au couvage, se réveillent dans le chapon, tandis que par un effet inverse les femelles qui cessent de pondre reprennent dans quelques cas la livrée du mâle. M. Darwin cite des biches qui avaient pris du bois en vieillissant, et l'on sait que la barbe pousse assez souvent aux femmes âgées. Tous ces effets procèdent de caractères qui demeurent enfouis, pour ainsi dire, dans les profondeurs de l'organisme. Les qualités, les défauts, les prédispositions morbides, peuvent se transmettre de cette façon et sauter à travers une ou plusieurs générations ; seulement le phénomène devient alors plus complexe, il prend le nom d'atavisme ou de récurrence, et le caractère qui fait ainsi retour peut demeurer longtemps inconnu chez les descendais de celui qui en a transmis le germe.

Hérédité, croisement, récurrence, tout ce qui relève de la vitalité semble dépendre d'une force unique dans son principe, multiple dans ses applications, toujours active et permanente, raison d'être de tout ce qui est organisé, depuis la cellule et l'embryon jusqu'aux entités les plus élevées et les plus complexes. Ce sont les ressorts secrets de cette force que M. Darwin a essayé de saisir et d'expliquer à l'aide d'une hypothèse ingénieuse, mais qui pourtant, il faut le dire, laisse l'esprit aussi perplexe après l'avoir écoutée qu'il l'était auparavant. Cette hypothèse, considérée par l'auteur lui-même comme provisoire, est nommée par lui *pangénèse*, c'est-à-dire génération universelle ; elle offre un mélange évident des idées de Buffon sur la génération et de celles de plusieurs physiologistes modernes, principalement de M. Claude Bernard.[1] D'après Buffon, la matière organisée comprendrait une foule d'éléments ou molécules douées de vie et de mouvement, qui circuleraient dans tous les corps, s'y introduiraient par la nutrition, et s'y accumuleraient de manière à réparer les pertes et à fournir les matériaux des nouveaux êtres. La vie organique résulterait donc d'un tourbillon perpétuel, dont les éléments, entraînés dans un courant sans fin, ne deviendraient libres que pour s'associer de nouveau. Aux yeux des physiologistes les plus éminents de notre époque, non-seulement chaque organe possède sa vie propre et son autonomie, mais il n'est lui-même qu'un assemblage d'autres parties plus petites, et celles-ci se divisent de la même manière jusqu'à ce que l'on arrive à la cellule, élément primordial, véritable unité organique dont est nécessairement composée en dernière analyse toute entité vivante et corporelle. Selon les meilleures observations, chaque cellule est une véritable individualité élémentaire ; elle remplit un rôle, des fonctions, en même temps qu'elle présente une forme déterminée. Les animaux supérieurs ne sont qu'une agrégation complexe d'une multitude de ces éléments étroitement associés au sein des liquides

---

1 Voyez dans la *Revue* du 1er septembre 1864, *Études physiologiques sur quelques poisons américains, — le Curare*, par M. Claude Bernard.

qui les baignent. La trame de l'organisme est telle qu'elle circonscrit des cavités intérieures, où, comme au sein d'un petit monde clos de tous côtés, viennent se rendre les substances gazeuses et fluides, les sucs nourriciers, que le torrent de la circulation apporte à chaque cellule. Les parties constitutives des tissus organiques peuvent ainsi participer à la vie générale qui anime l'agrégation tout entière, et posséder en même temps une individualité résultant de sa forme et de ses fonctions. Le cycle de l'existence de chaque cellule doit aussi avoir un terme, après lequel elles sont éliminées et remplacées par d'autres, et ces nouvelles cellules naissent le plus souvent, sinon exclusivement, du sein des précédentes.

C'est à cette donnée, universellement admise par la science moderne, que M. Darwin semble avoir rattaché la théorie, assez peu modifiée, de Buffon sur les molécules organiques. Partant de l'idée de l'individualité de chaque cellule, il s'est demandé si, outre la multiplication par scissiparité, les cellules ne possédaient pas un autre mode de multiplication qui consisterait dans la faculté d'émettre à un moment donné des corpuscules, des « gemmules cellulaires, » susceptibles de circuler dans les fluides de tout le système, de se subdiviser, et enfin « de se développer ultérieurement en cellules semblables à celles dont elles dériveraient. » Il faudrait supposer encore que ce développement dépend de l'union préalable des gemmules avec d'autres gemmules qui les précéderaient dans le cours régulier de leur croissance, c'est-à-dire que l'ordre relatif de développement serait, pour ainsi dire, déterminé d'avance, et, qu'il ne pourrait avoir lieu en l'absence de tout rapport réciproque des gemmules entre elles. Les gemmules devraient ainsi se greffer les unes sur les autres en séries dont les termes seraient rigoureusement coordonnés. On conçoit la nécessité de cette supposition pour rendre raison de la régularité parfaite de chaque plan organique, dans lequel les parties conservent invariablement leur position relative. Il faudrait supposer aussi qu'à l'état dormant, c'est-à-dire avant tout développement, les gemmules ont les unes pour les autres une affinité qui les dispose à se grouper pour former soit des bourgeons, soit des éléments sexuels.

Dans cette hypothèse, toutes les parties différentes des tissus organiques, par cela même qu'elles sont hétérogènes, devraient produire des gemmules dont l'agrégation ultérieure reproduirait l'ensemble ; les seules parties entièrement homogènes, comme en présentent les êtres les plus bas de l'échelle, n'auraient besoin d'émettre qu'une seule cellule, sauf à la multiplier ensuite. Il est vrai que, lorsqu'on attribue à chaque cellule la propriété d'émettre des gemmules capables de la reproduire, cette supposition est entièrement gratuite par elle-même. Elle n'est pas cependant dénuée de toute probabilité, si l'on considère combien la nature tend au fractionnement et à la multiplicité des parties élémentaires à mesure que l'on pénètre dans les profondeurs de l'organisme. L'ovulation, dont la reproduction cellulaire ne serait qu'une image, atteint à des nombres très considérables chez les êtres inférieurs, et, si l'on s'étonne de la prodigieuse quantité de gemmules dont l'hypothèse de M. Darwin a besoin pour fonctionner, la surprise diminue dès qu'on songe aux 6,800 œufs de la morue, aux 64,000 des ascarides, enfin au million de graines d'une seule capsule d'orchidée. Le nombre des ovules tendant à s'accroître à mesure que l'on descend la série des êtres, il n'y aurait rien d'improbable à ce que les gemmules de l'unité cellulaire, s'il en existe de telles, soient produites dans une proportion pour ainsi dire incalculable. La ténuité presque infinie de ces gemmules en expliquerait la dissémination à travers l'organisme, ainsi que la circulation au moyen des fluides.

On conçoit que, ces prémisses une fois concédées, l'hypothèse marche d'elle-même. Les gemmules accumulées dans l'intérieur des corps vivants donneraient raison de tous les phénomènes de l'hérédité de la transmission et de la modification des caractères, de l'apparition de ceux-ci à un moment déterminé. Les évolutions de gemmules rendraient aussi bien compte de la croissance ou développement normal et continu que des métamorphoses et des métagénèses, c'est-à-dire des changements rapides qui s'opèrent dans l'organisme tout entier. Dans la métamorphose, les nouveaux organes se moulent sur les anciens, dont ils se détachent comme d'une enveloppe ; dans la métagénèse, il semble qu'une vie nouvelle lasse germer sur des points distincts des précédents des organes tout à fait indépendants et n'ayant rien de commun avec ceux de la période qui se termine. Les cirrhipèdes, à l'époque de leurs derniers changements, acquièrent des yeux nouveaux qui se montrent sur une autre partie du corps que les autres. Plusieurs échinodermes, dans la seconde phase de leur développement, naissent d'un bourgeon apparu dans l'intérieur du premier animal, qui est ensuite rejeté tout entier. La génération sexuelle ne serait elle-même qu'un mode particulier de bourgeonnement, et n'en différerait en réalité que par la nécessité de l'union de deux éléments distincts ; mais chacun de ces éléments correspondrait à l'ensemble de l'être qu'il représenterait : ce serait toujours des agrégations de gemmules, susceptibles des deux parts de reproduire l'individu dont elles proviennent, mais trop faibles pour y parvenir isolément et sans une combinaison préalable. Cette insuffisance de chacun des sexes pris séparément serait en réalité l'unique cause de la nécessité du concours qu'ils se prêtent, si les cas de parthénogenèse cités par plusieurs auteurs étaient entièrement avérés. Celui de M. Jourdan, relatif aux femelles de vers à soie, est des plus remarquables : sur 58,000 œufs pondus en dehors du contact du mâle, un grand nombre auraient traversé l'état embryonnaire, c'est-à-dire auraient paru susceptibles de développement, 29 seulement auraient donné des vers. Dans ce cas, si le fait était incontestable, l'énergie vitale aurait seule fait défaut, et la différence entre les deux générations consisterait surtout en ce que la reproduction sexuelle serait progressive, qu'elle ferait passer le produit sorti d'elle par une série d'états successifs qui, en lui procurant l'avantage d'une élaboration plus lente et plus graduée, lui assurerait celui plus évident encore du croisement. Quant à la variabilité, qui joue un si grand rôle chez les êtres vivans, soit pour les changer peu à peu, soit pour faire naître en eux des différences que l'hérédité consolide, elle serait, dans l'hypothèse de la pangénèse, une conséquence directe des modifications éprouvées par chaque cellule, et qu'une foule d'impressions, d'habitudes et d'influences de toute sorte ne manqueraient pas de provoquer. Les gemmules successivement émises porteraient la trace de ces changement, qui se transmettraient ensuite comme tout le reste. On conçoit en effet que ces gemmules modifiées suivraient la même marche que les autres, et pourraient, comme elles, prendre place dans le nouvel organisme, ou demeurer latentes pour se montrer ensuite après un sommeil plus ou moins prolongé.

Ainsi tout s'expliquerait sans peine à l'aide des gemmules diversement combinées et transmises, ce qui se passe au fond de l'organisme deviendrait clair et simple ; mais cette simplicité même a lieu d'étonner lorsque l'on observe tant de combinaisons dans les phénomènes de la vie. N'est-ce pas à l'aide de complications croissantes et variées à l'infini, que la nature arrive à ses fins, à mesure qu'elle tisse la trame organique des êtres supérieurs ? Si tout vient d'une molécule vivante, si le point de départ de tout être nouveau est une cellule, comment concevoir ces amas de gemmules innombrables, déjà en partie agrégées, dont l'existence complexe serait si peu en rapport avec la simplicité d'appareil des premières cellules de l'embryon ?

La génération, quel que soit le mode par lequel elle procède, prolonge l'individu qui engendre par celui qui est engendré ; mais nous ignorons justement la nature de ce prolongement. Le nouvel être emporte-t-il toutes les parties élémentaires de celui dont il sort, ou bien reçoit-il simplement de lui une impulsion décisive qui détermine non-seulement son plan de structure, mais la forme même des parties qui se développeront plus tard ? C'est là un mystère que l'homme ne percera peut-être jamais ; ce qui est certain, c'est qu'à mesure que l'on s'élève vers les êtres supérieurs, on voit le germe fécondé subir une élaboration d'autant plus parfaite qu'il reste plus longtemps attaché à la mère. Cependant l'influence de celle-ci ne se fait pas plus sentir dans le résultat final que celle du père. Si les gemmules accumulées jouaient ici un rôle décisif, la mère n'en fournirait-elle pas une plus grande part par la communication des liquides nourriciers qui serviraient justement de véhicule à ces germes ? Or il est évident par les ressemblances qu'elle n'ajoute rien à ce qu'elle a fourni tout d'abord. On pourrait élever bien d'autres objections, et pourtant il serait téméraire de condamner entièrement l'hypothèse de M. Darwin. L'assimilation analogique de la génération sexuelle au bourgeonnement, aux métamorphoses et à la croissance, la vie indépendante des unités corporelles ou cellules, la certitude de multiplication de celles-ci par division spontanée, prêtent beaucoup de vraisemblance à la faculté qu'on leur attribue d'émettre des gemmules. La transmission fidèle, l'état latent des caractères paternels, les variations de l'organisme à certains points de vue, la fixité qu'il présente sous d'autres, sont autant d'indices susceptibles de faire pencher la balance en faveur d'une doctrine exposée d'ailleurs avec un art infini et une science d'observation consommée. A notre avis pourtant, le véritable but que s'est proposé M. Darwin n'est pas celui qu'il essaie d'atteindre au moyen de la pangénèse. Les ressorts de la vie organique nous resteraient inconnus que nous pourrions encore nous demander comment se sont formés et d'où sont venus les êtres que nous groupons sous la dénomination d'espèces. La recherche des questions d'origine, la lutte contre d'anciens préjugés, l'éclaircissement patient et graduel de la façon dont il est possible de concevoir les phénomènes d'évolution, voilà la vraie tâche que le naturaliste anglais a su s'imposer et qu'il accomplit tous les jours. Il a montré en effet aux esprits non prévenus qu'un lien général réunit tous les êtres organisés, que ce lien devient plus étroit à mesure qu'on les divise en groupes secondaires, jusqu'à ce que l'on arrive à des individualités tellement voisines qu'on est en droit de les considérer comme provenant d'une même souche. Il a montré aussi que, si l'on quitte les espèces sauvages, dont les caractères sont d'autant plus fixes qu'ils se sont affermis plus lentement, pour aborder les animaux et les plantes domestiques, on voit les mêmes phénomènes revêtir une physionomie particulière due à l'impulsion de l'homme, mais qui n'en est pas moins propre à nous dévoiler la marche de la nature. Les espèces créées par l'homme ou races ne sont point pareilles à celles que la nature a formées, le résultat diffère, mais seulement dans la mesure de la diversité des moyens employés.

Arrivons à une conclusion : la notion de l'espèce, telle que l'école de Cuvier l'avait définie, devra nécessairement changer de sens. L'espèce ne peut être envisagée que dans son présent ou dans son passé. Or, si l'on étudie l'état actuel des choses, cette notion, dont on voudrait faire la base immobile de tout le système, est impossible à définir rigoureusement. Tantôt élargie de manière à comprendre des êtres tout à fait dissemblables, tantôt réduite à des limites étroites, elle fait le désespoir des naturalistes les plus éminents, et se dérobe à l'analyse. Si l'on plonge dans le passé, l'origine des espèces par voie de modifications successives s'impose à l'esprit, non plus comme une théorie, mais comme un fait qui se dégage de l'ensemble même des investigations. Ici, pour résoudre le problème, ce que l'on doit surtout invoquer, c'est l'impossibilité d'expliquer autrement la marche des phénomènes paléontologiques. Tout mène à ce résultat, il n'y a plus de limites précises entre les diverses périodes ; celles-ci varient en nombre, en intensité, en durée, et sont caractérisées différemment, suivant que l'on prend pour point de vue telle ou telle série d'animaux ou de plantes. Les liaisons se multiplient, les sous-étages tendent à confondre les divisions principales en une suite continue de phénomènes enchaînés. Les espèces présentes se rattachent presque toujours à celles qui les ont précédées, et celles-ci l'ont été à leur tour par d'autres qui s'éloignent des premières par une sorte de gradation en rapport avec le temps écoulé. On retrouve ainsi comme des jalons intermédiaires entre les espèces, les genres et les ordres ; on aperçoit quelques-uns des échelons que la vie organique a dû gravir successivement avant d'arriver jusqu'à nous. Sans doute les formes spécifiques n'ont pas toujours varié ; elles ont plutôt varié dans une mesure inégale, de manière à aboutir à des résultats inégaux aussi. De là la valeur essentiellement relative des termes actuels de la série organique ; de là aussi la nécessité de ne voir dans les êtres que nous avons sous les yeux que les derniers acteurs d'une lutte qui a commencé avec la vie elle-même, et s'est prolongée à travers l'immensité des siècles. La lutte acharnée pour l'existence, et nous ne saurions mieux terminer que par cette pensée empruntée à M. Darwin, est la preuve la plus puissante de l'absence de causes finales habilement combinées ; mais, cette absence une fois constatée, le problème de la raison d'être des choses est loin d'être éclairci, et l'on se trouve en présence d'une difficulté aussi inabordable que celle du libre arbitre et de la prédestination.

ISBN : 978-1546499060

www.ingramcontent.com/pod-product-compliance
Lightning Source LLC
Chambersburg PA
CBHW061449180526
45170CB00004B/1619